Mind+青少年趣味编程

史远 著

人 民 邮 电 出 版 社
北 京

图书在版编目（CIP）数据

Mind+青少年趣味编程 / 史远著. -- 北京 : 人民邮电出版社, 2021.10（2023.11重印）
（STEM创新教育系列）
ISBN 978-7-115-56837-3

Ⅰ. ①M… Ⅱ. ①史… Ⅲ. ①单片微型计算机－程序设计－教材 Ⅳ. ①TP368.1

中国版本图书馆CIP数据核字(2021)第145164号

内 容 提 要

本书的主要特点是“在娱乐中学习”，通过编写 14 个趣味性强的游戏、电子贺卡和动画等程序，引导读者将创意变成看得见的程序作品，培养读者的构思能力、逻辑能力、分析能力，以及程序的调试和排错能力。

本书主要介绍 MindPlus（简称 Mind+）编程软件的基本用法及图形化编程中程序设计的基本思维和方法。本书共 7 章：第 1 章和第 2 章是 Mind+软件的简介及读者在编程时首先需要了解的一些基本概念；第 3 章和第 4 章是 8 个初级难度的程序设计，介绍 Mind+编程的基本方法；第 5 章是 4 个中级难度的程序设计，帮助读者提升对 Mind+编程的掌控程度；第 6 章和第 7 章是高级难度的程序设计，帮助读者提高综合运用 Mind+进行编程的能力。

本书适合中小学生学习，也可以作为学校进行图形化编程教学的辅助教材。

◆ 著　　　　史 远
　责任编辑　李永涛
　责任印制　王 郁　彭志环
◆ 人民邮电出版社出版发行　　北京市丰台区成寿寺路 11 号
　邮编 100164　　电子邮件 315@ptpress.com.cn
　网址 https://www.ptpress.com.cn
　廊坊市印艺阁数字科技有限公司印刷
◆ 开本：700×1000　1/16
　印张：11.5　　　　2021 年 10 月第 1 版
　字数：224 千字　　2023 年 11 月河北第 4 次印刷

定价：59.90 元

读者服务热线：(010)81055410　印装质量热线：(010)81055316
反盗版热线：(010)81055315
广告经营许可证：京东市监广登字 20170147 号

本书编委会

主　编： 史　远

副主编： 王国庆

编　委： 刘　硕　张瀚文　孙雨漫　刘　红　池晶晶　郭　蔚　杨　祺
贾　京　刘建琦　肖　明　殷　玥　苏　岩　田迎春　张海涛
李会然　杜海波　朱凤立　汪晨燕　范　磊　王　军　武顺利
徐春燕　李　炯　刘嘉琪　张大光　贾远朝　刘　璇

现代教育要面对未来的挑战，还要构建面向未来的思维方式。随着我国信息化建设的不断加速，人工智能、大数据、云计算等一系列高新信息技术也随之得到了飞速发展。近些年，国家更是将科技创新提升到了国家重大战略的地位。在此宏观背景下，各中小学积极遵循国家战略，响应时代号召，争相开设人工智能等相关课程，逐步推广编程教育，旨在培育高水平的人工智能创新人才。

编程教育在现有教育体系中已成为信息技术教育发展的必然趋势。从目前我国整体编程教育的发展现状来看，国家对于青少年信息技术教育的培养愈发重视，且愈发彰显低龄化、专业化、区域化的特点。目前在教育领域较为成熟的编程教育方法为通过可视化图形编程和游戏编程启蒙等形式，在培养青少年提高计算思维的同时，提高他们的信息素养及创新创造能力，使他们能够在未来社会具备对人工智能的掌控力，从而更好地适应信息技术的发展所带来的社会变革。

就不同的地区而言，编程教育的发展与推广也存在着教育资源分布不均等问题。虽然依托互联网的信息传播使相关编程教育的学习资源有所丰富，但面向不同阶段、不同区域的学生，均存在缺乏具有针对性的学习指导的现象，同时针对编程教育的课程教学还尚未形成统一、完善且清晰的编程教育课程体系。

因此，为了服务未来社会的编程教育事业，帮助青少年了解、掌握、精通编程知识，这本面向STEM创新教育的编程书应运而生。本书面向青少年，运用生动有趣、富有挑战性和可操作性的实践活动案例来引导读者，从而提高读者学习编程的兴趣，让读者在趣味和欢乐中掌握Mind+编程知识！

方海光

首都师范大学教授

国家信息系统高级项目管理师

中国系统分析员顾问团（CSAI）教育信息化首席顾问

前言

随着数字化时代的发展，计算机语言逐渐进入人们的学习和生活。运用计算机语言进行设计和创作，表达自己的构思和创意就是编程能力，编程能力会带来很多益处，尤其是它能教会你“计算机的思考方法”，从而让你逐渐掌握一些重要的本领：解决问题的策略、设计的方法（如构筑模型及螺旋上升的设计改进方法）。无论你从事何种职业，这些能力都会大有裨益。

Mind+作为一款拥有自主知识产权的青少年编程软件，支持各种主流主控板及上百种开源硬件，支持人工智能（AI）与物联网（IoT）功能。Mind+既支持图形积木式编程，让初学者轻松跨入编程世界的大门，还支持Python/C/C++等高级编程语言，让用户体验创造的乐趣。

本书共7章，主要介绍Mind+的基本用法、创意编程的基本思维和方法，以及如何使用Mind+编写14个趣味小程序。

- 第1章：介绍什么是Mind+，如何注册和使用Mind+在线版，如何下载和安装Mind+离线版。带领读者通过编写一个小程序熟悉Mind+项目编辑器。
- 第2章：介绍在使用Mind+编写程序时需要了解的基本概念。
- 第3章：介绍4个初级难度的程序设计，帮助初学者快速上手，程序题目分别是“中国好眼神”“走迷宫”“打地鼠”“幸运小纸牌”。
- 第4章：介绍另外4个初级难度的程序设计，帮助读者提升对Mind+编程的掌控程度，程序题目分别是“美丽大森林”“接星星”“节日贺卡”“生日聚会”。
- 第5章：介绍4个中级难度的程序设计，让读者在进一步熟悉Mind+的过程中，体验用Mind+制作游戏的快乐，程序题目分别是“快逃，海星”“人机对战‘猜猜我是谁’”“贪吃蛇”“五子棋”。
- 第6章：介绍更为复杂有趣的游戏“飞机大战”的设计方法。
- 第7章：介绍难度较高的游戏“植物大战僵尸”的设计方法。

感谢所有在本书编写过程中给予帮助的朋友们。书中难免存在一些遗憾和不足，敬请广大读者批评指正，我们一定在后续的修订中改正。

史远

2021年6月

目录

快逃，海星

飞机大战
按1键开始游戏

PLANTS
VS.
ZOMBIES
按空格键
开始游戏

第1章

初识Mind+

Mind+诞生于2013年，是一款拥有自主知识产权的基于Scratch开发的青少年编程软件。Mind+支持图形化积木式编程，也支持Python/C/C++等高级编程语言，能让大家轻松体验创作的乐趣。Mind+适合校内的大班教学、项目创作、创客比赛等场景，同时也能满足学生校外进行创意编程与项目创建的需求。

1.1 Mind+软件简介

Mind+历经打磨，如今已获得行业普遍认可，其主要特点如下。

- 低门槛、高上限：适合从图形化编程到Python编程的各阶段教学。
- 支持Arduino、micro:bit、ESP32等主流开源硬件平台和海量电子模块拓展。
- 覆盖人工智能、物联网等创客教育学科。
- 配套丰富的教程和培训资源。

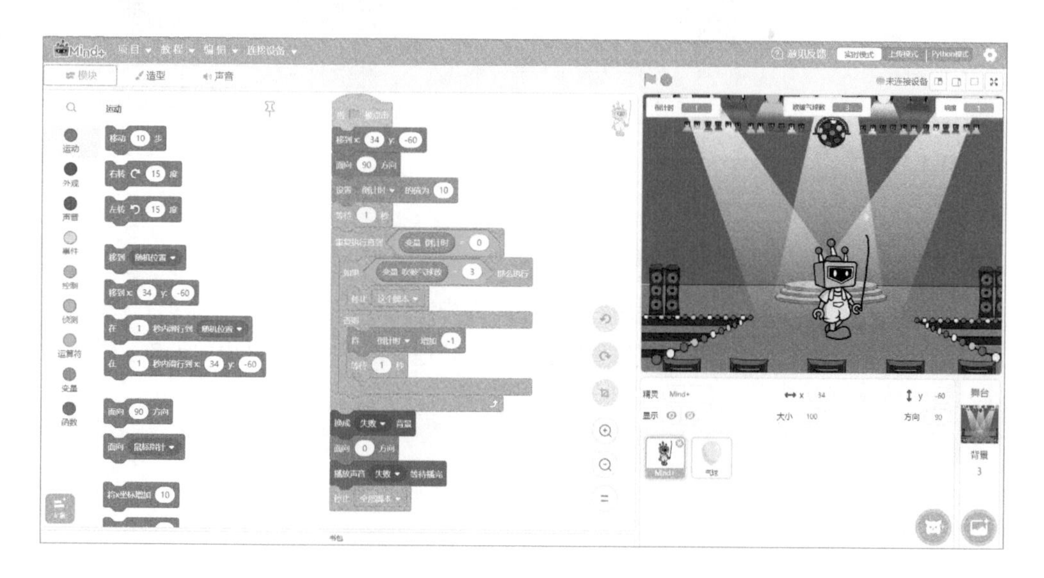

一、低门槛、高上限

对于初学者来说，可以通过拖动图形化模块进行编程，并能立即看到动画效果；对高级用户而言，使用图形化积木式编程时可以自动转换为Python或C代码，对照学习的同时也可以手动编辑代码，实现编程进阶。

二、丰富的硬件支持

当前创客教育中的开源硬件主要是基于Arduino、micro:bit、Esp32等的相关产品，Mind+将3个硬件平台与软件平台进行融合，使其拥有一致的使用体验。

Mind+拥有强大的硬件扩展功能库，直接使用即可对上百种常用硬件模块（如传感器、执行器、通信模块、显示器、功能模块等）进行编程控制，并且开放用户库，可以自己制作扩展库。

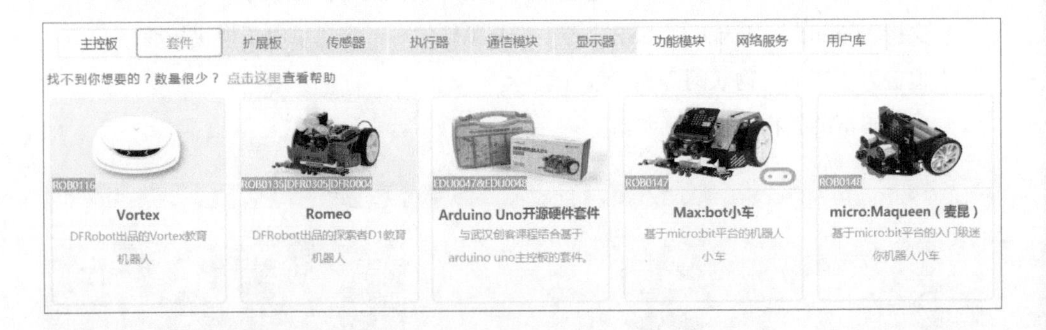

三、支持人工智能与物联网功能

Mind+集成了大量人工智能应用，能满足广大中小学教师对AI知识教学的各种需求，包括以软件应用为主的图像识别、语音识别、文字处理，以及开源硬件中的语音、图像等传感器的控制。

Mind+支持物联网功能模块，如OBLOQ物联网Wi-Fi模块、掌控板等，因此可以配合完成很多物联网应用。同时也支持各种物联网平台，如Easy IoT、OneNet、阿里云、SIoT等。

四、丰富的教程与培训资源

Mind+提供了配套的Arduino系列、micro:bit系列、掌控板系列和造物粒子系列等丰富的教程，内置支持上百种常见传感器的传感器库。Mind+团队与业界专家和国内名师合作，推出的课程资源完善、类型丰富，适合跨学科和科技创新教育。

Mind+团队同时提供线上、线下多种形式的培训，帮助教师快速实现高质量的教学。

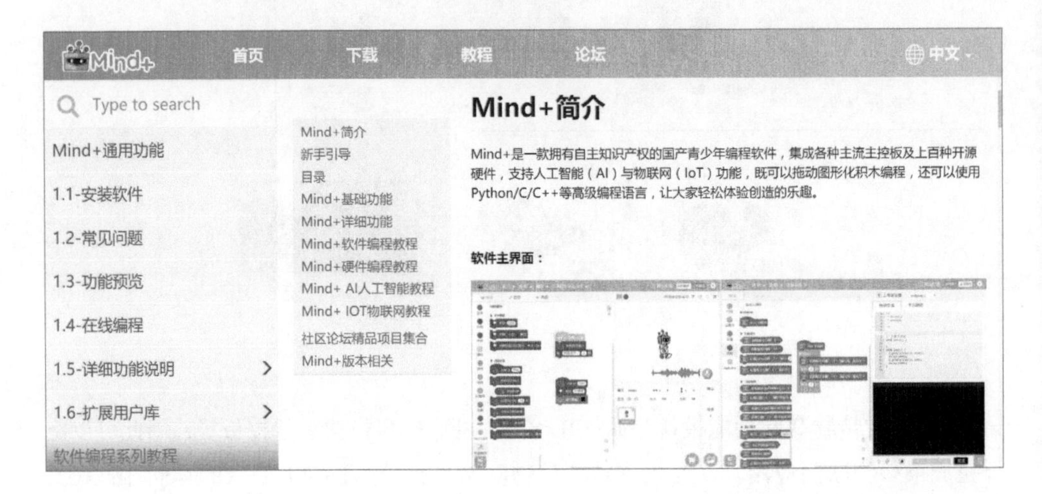

1.2 Mind+官方网站

了解了Mind+是什么，接下来一起到Mind+的官方网站看一下。

Mind+的官方页面非常简洁。如果单击 在线编程 按钮，则会打开Mind+的在线编辑器，在线创作自己的项目，进行编程等。单击“下载”菜单，可以选择下载Mind+适用不同系统版本的客户端软件，同时可以下载Mind+Link在线编程插件。单击“教程”菜单，可以找到关于Mind+应用的相关使用教程。单击“论坛”菜单，可以进入Mind+论坛，进行各类编程项目的资源分享和讨论，也可以注册进入DF创客社区分享创客作品，发布学习教程。进入“造物记”可以记录自己的创客作品所用的设备清单、程序设计及创作过程等供他人学习。

在Mind+网站首页中有一个关于Mind+的小视频，该视频介绍了Mind+能做什么，如何使用，同时介绍了Mind+创客社区的大量创作资源供用户开发使用。

在编辑器右上方有一个按钮，单击该按钮可以打开一个语言菜单项，从中可以选择编辑器界面所采用的语言，一共有12种语言可供选择。当第一次访问Mind+在线版的时候，可选择“简体中文”。

提示： Mind+在线编程需要使用Chrome浏览器，Mind+官网下载界面提供下载支持。使用Mind+在线编程还需要下载并安装Mind+Link在线编程插件以提供对外部硬件的支持。

1.3　Mind+的环境搭建

一、创建DF创客社区用户

Mind+支持在线和离线两种编程方式。在在线编程方式下，无须单独安装软件，直接进入Mind+的官方网站，打开在线编程即可直接使用，编程后的项目文件可以直接保存到本地硬盘。为了更好地分享创客学习的快乐，DF创客社区已成为广大创客爱好者学习、交流、分享的平台，通过分享学习，能提升我们的创作水平。要进入DF创客社区需先进行注册。

DF创客社区提供了多种注册和登录方式，可以采用微信或QQ快捷注册和登录。另外，也可以选择“注册”，使用手机号或邮箱进行注册，注册方法类似，下面以微信登录注册为例进行介绍。

单击微信登录按钮，弹出登录界面，如下图所示。

用微信扫描二维码后出现绑定手机界面，输入手机号码并获取验证码，验证码的有效时间为10分钟，输入完毕后单击“下一步”按钮。

绑定手机
请输入手机号码
验证码
获取验证码
下一步
手机号已注册 ？找回密码

在“请输入昵称”处输入自己的昵称，勾选“是否是教师/学生”，然后单击“确认”按钮。

在填写信息界面中选择“我是教师”或“我是学生”身份，输入“学校名称”，选择省、市、区相关信息，然后单击“确认”按钮完成注册，就可以用该账户登录DF创客社区了。

二、Mind+的安装

Mind+支持离线编程方式，即在没有连接Internet的情况下，同样可以使用Mind+来编写程序。使用离线编程方式，需要先下载和安装相应的软件后才可以使用。

打开Mind+的官网，在页面中单击“立即下载”按钮，进入Mind+客户端下载界面。

Mind+离线版支持Windows、Mac OS及Linux操作系统。下面以Windows版本为例，介绍Mind+的安装方法。

单击“Mind+客户端下载for Windows”右侧的“立即下载”按钮下载软件，下载后得到的文件是Mind+_Win_V1.7.0_RC3.0。只需双击该文件就可以开始安装Mind+离线版。

安装完之后，桌面上会出现一个图标，双击该图标，就可以打开Mind+离线版，如下图所示。

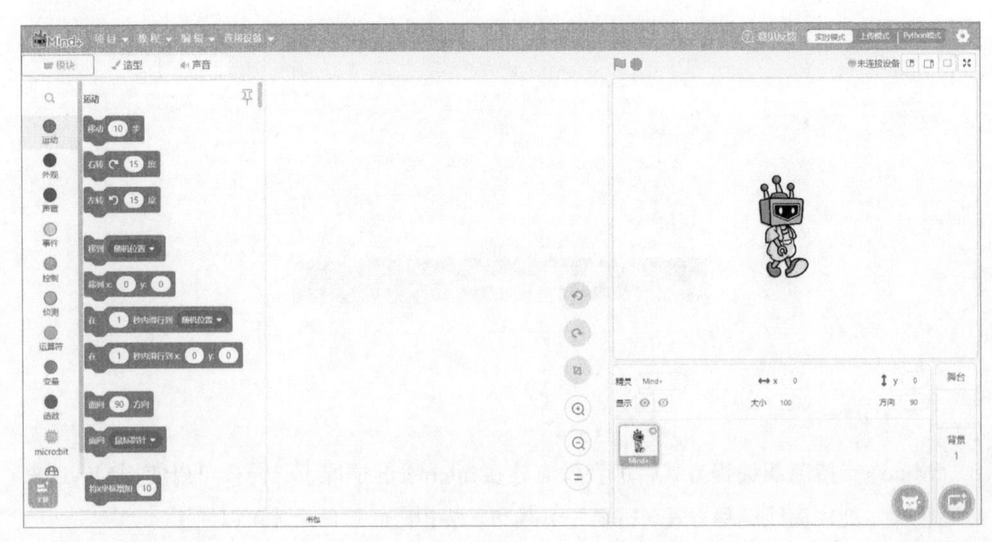

现在，完成了Mind+离线版的安装，让我们开始Mind+的探索之旅吧。

1.4　项目编辑器简介

打开Mind+后，系统会自动创建一个新项目。Mind+的项目编辑器界面分为5个区域，分别是菜单栏、指令区、脚本区、舞台区和角色区。

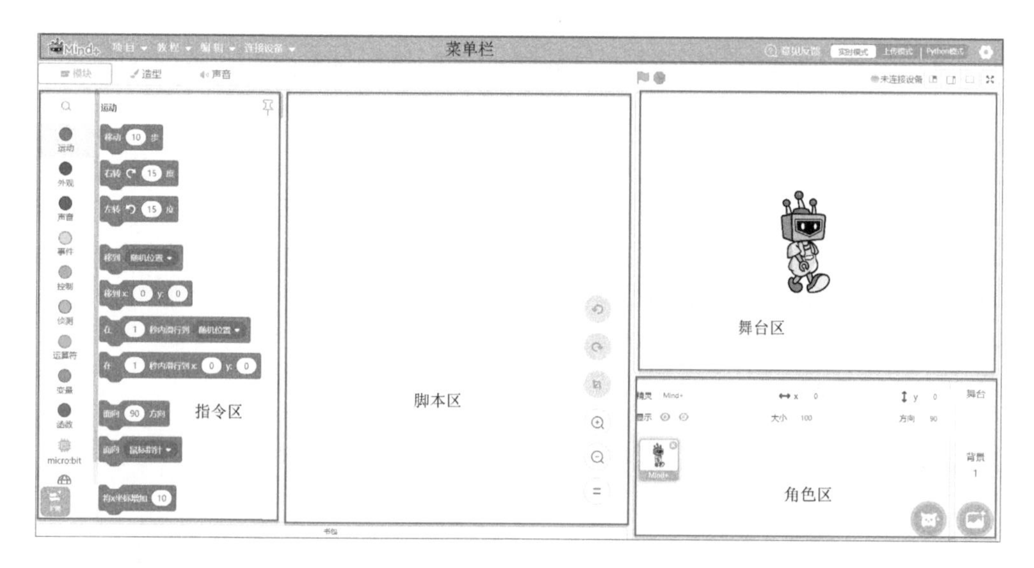

顶部是菜单栏，包括项目、教程、编辑、连接设备、实时模式、上传模式及Python模式菜单。最左边的一列是指令区，由3个选项卡组成，分别是模块、造型和声音，用来完成添加指令、角色、背景和声音等操作。中间比较大的空白区域是脚本区，可以针对背景、角色编写积木代码。指令区的9个大类、100多个积木都可以拖放到脚本区进行编程。右上方为舞台区，这里呈现程序的执行效果。右下方是角色区，这里会列出所用到的角色缩略图及舞台背景缩略图。

提示：在使用Mind+的过程中会涉及模块、脚本、造型等术语，本书第2章将对这些术语进行详细介绍。

一、舞台区

在舞台区左上方有一个程序启动按钮，单击它开始执行程序；左上方还有一个停止按钮，单击它可以停止程序运行。在舞台区的右上角有一个全屏按钮，单击它会扩展为全屏模式。在全屏模式下，舞台区的右上角会出现按钮，单击它可以退出全屏模式。

在项目编辑器默认的布局中，舞台区占有较大的面积。单击舞台区右上方的按钮，可以使用小舞台布局模式；单击舞台区右上方的按钮，可以使用无舞台布局模式。通过改变舞台区和角色区的布局，可以使脚本区占据更大的操作空间，以便于编程。

- 小舞台模式。

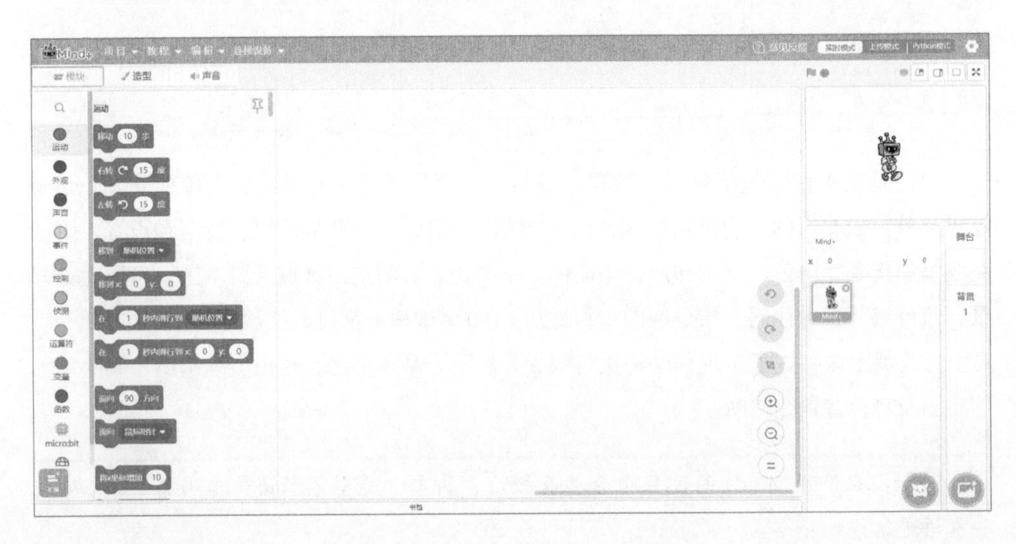

- 无舞台模式。

在小舞台模式或无舞台模式下，单击舞台区右上方的按钮，编辑器将返回默认的大舞台模式。用户可以根据自己的具体需求，通过单击不同布局模式按钮，对编辑器的布局进行调整。

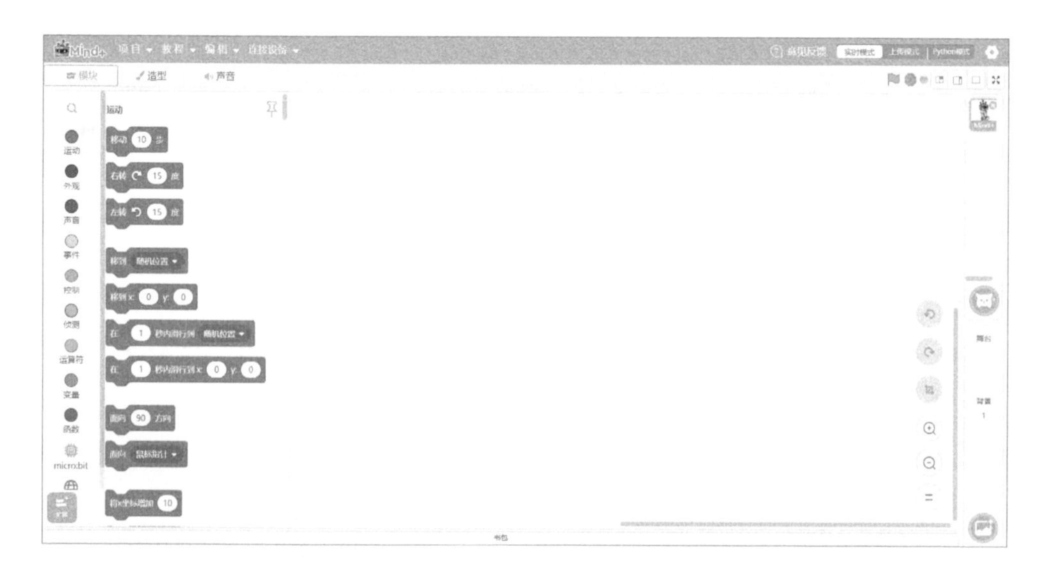

二、角色区

角色区包含舞台背景和角色两部分内容。左下方是角色列表区，显示了程序中的不同角色；右边是舞台背景列表区，显示了程序中使用的舞台背景的信息。在最上方的信息区，当选中角色或舞台背景的时候，会显示所选中的角色或背景的名称、坐标、显示/隐藏属性、大小、方向等信息。

角色区有两个非常醒目的动态弹出式按钮，分别是角色按钮和背景按钮。

直接单击角色按钮，可以从角色库中选择需要的角色。如果把鼠标指针放在按钮上，会弹出包含4个按钮的菜单，这4个按钮分别代表4种不同的新增角色的方式，如下表所示。

按钮	功能	说明
	上传角色	单击该按钮，可以将素材从本地作为角色导入项目中
	随机	单击该按钮，将会随机选择一个角色。当创意枯竭的时候，不妨通过单击这个按钮获得一点启发

续表

按钮	功能	说明
	绘制	单击该按钮，将会在指令区的“造型”选项卡下打开内置的绘图编辑器，自行对角色进行绘制
	查找	单击该按钮和直接单击角色按钮的效果相同，即从角色库里查找需要的角色

直接单击背景按钮，可以从背景库中选择需要的背景。如果把鼠标指针放在按钮上，会弹出包含4个按钮的菜单，这4个按钮分别代表4种不同的新增背景的方式，如下表所示。

按钮	功能	说明
	上传背景	单击该按钮，可以将素材从本地作为背景导入项目中
	随机	单击该按钮，将会随机选择一个背景。当创意枯竭的时候，不妨通过单击这个按钮获得一点启发
	绘制	单击该按钮，将会在指令区的“背景”选项卡下打开内置的绘图编辑器，自行对背景进行绘制
	查找	单击该按钮和直接单击背景按钮的效果相同，即从背景库里查找需要的背景

三、指令区

指令区的“模块”选项卡中提供了“运动”“外观”“声音”“事件”“控制”“侦测”“运算符”“变量”“函数”9个大类、100多个积木供我们使用。这些不同类型的积木用不同的颜色表示。可以把这些积木拖放到脚本区，组合成各种形式，从而完成想要实现的程序。

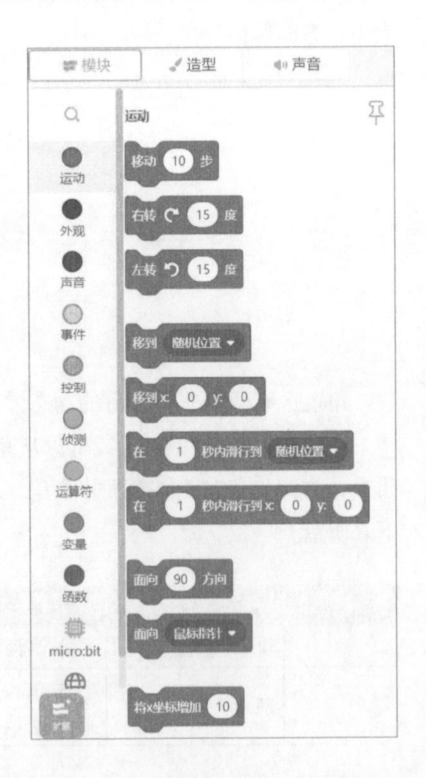

• 在“模块”选项卡中，可以将指令区中的积木拖放到脚本区，为角色指定要执行的动作。

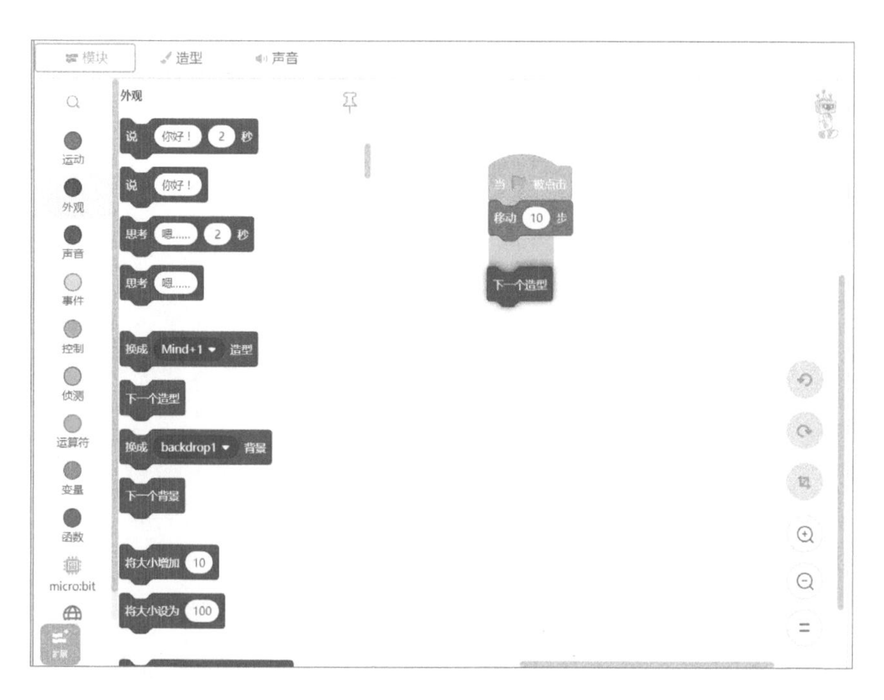

• 在“造型”选项卡中，可以定义该角色用到的所有造型。

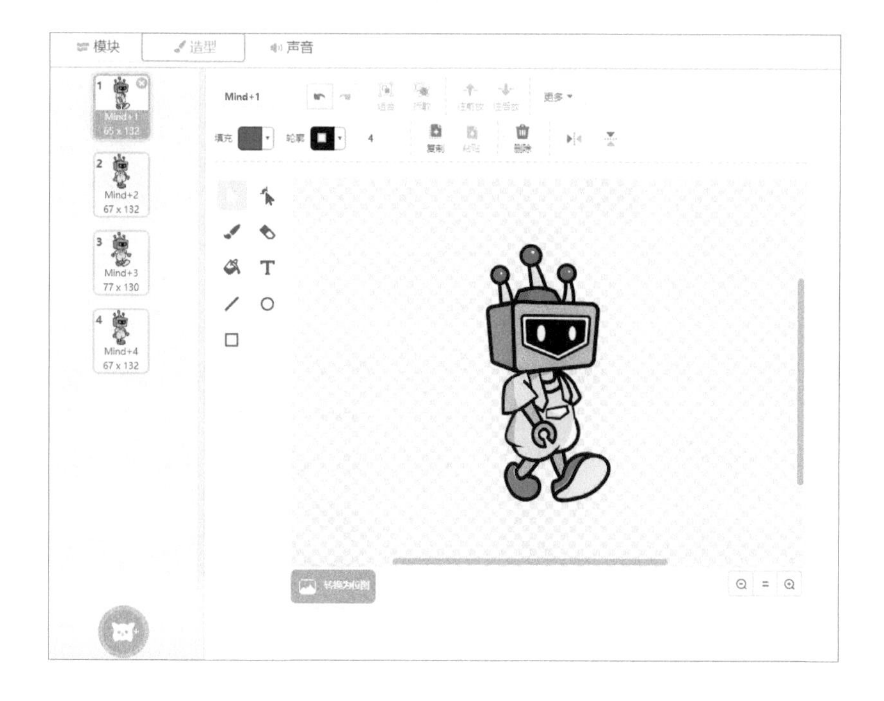

• 在“声音”选项卡中，可以采用声音库中的声音文件、录制新的声音或导入已有的声音，来为角色添加声音效果。

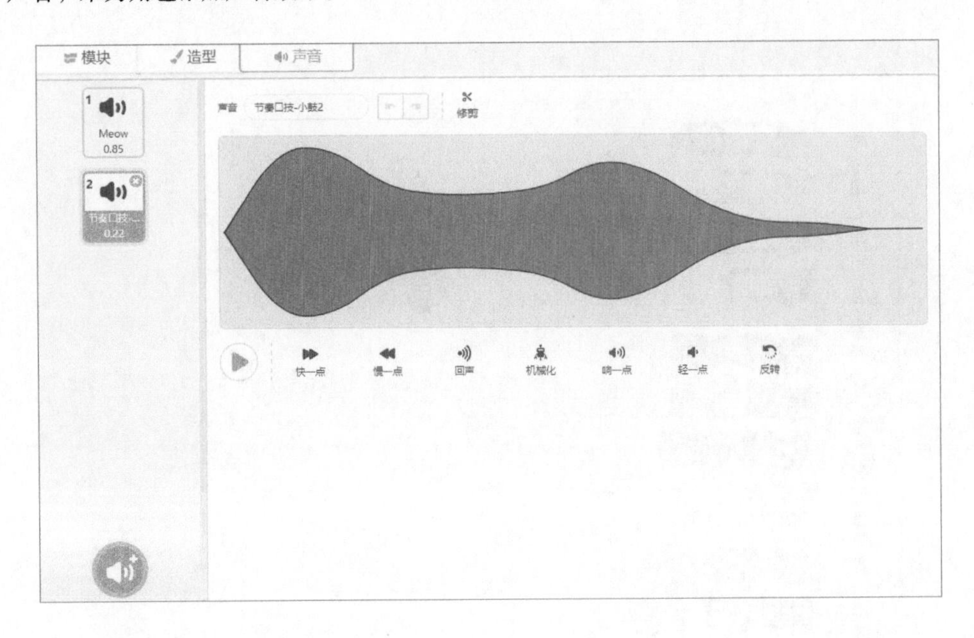

四、脚本区

在脚本区可以对积木进行各种组合，使用和操控角色的造型、舞台背景及声音等。

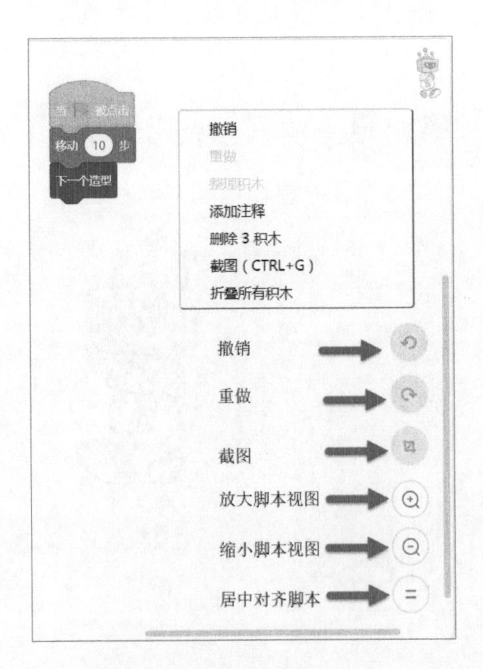

在脚本区的右上角显示当前角色的缩略图，这可以让用户明确当前是在对哪个角色进行编程。脚本区右下角竖排的6个按钮，其功能分别是撤销、重做、截图、放大脚本视图、缩小脚本视图和居中对齐脚本。注意，当脚本较多，超出脚本区范围的时候，可以拖动下方和右方的滚动条来查看更广泛的工作区域的脚本。用户在脚本区工作的时候，可以根据自己的需要，灵活布局和滚动查看脚本。

在脚本区的任意空白处单击鼠标右键，会弹出一个菜单，利用该菜单可以对积木进行“撤销”“重做”“整理积木”“添加注释”“删除积木”“截图”“折叠所有积木”等一系列操作。

1.5　第一个小程序

现在来编写一个非常简单的小程序，熟悉一下Mind+吧！要实现的效果是在舞台上显示一句英文“Hello world!”，让它产生动画效果，伴随着音乐播放动画。

一、绘图编辑器

首先来认识一下Mind+内置的绘图编辑器。

单击Mind+项目编辑器左上角的“造型”选项卡，就会打开绘图编辑器，在这里可以手工绘制新的角色。

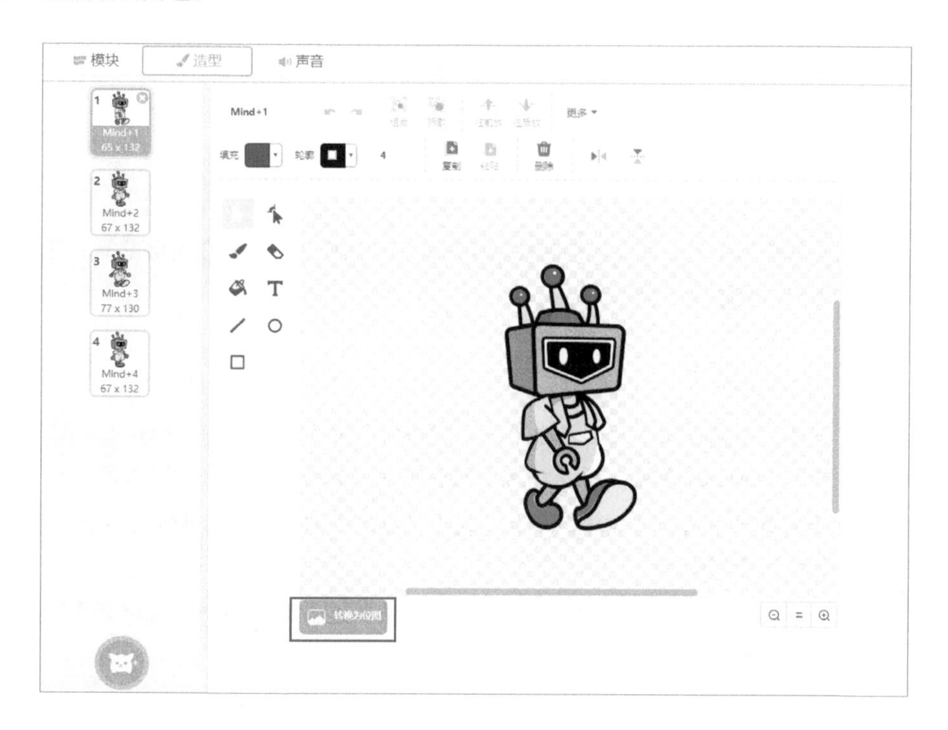

右边是Mind+内置的绘图编辑器，里面包含绘制和修改图像以用作角色或背景的所有功能。绘图编辑器有位图模式和矢量图模式两种运行模式，可以单击左下方的转换按钮在这两种模式之间进行切换。

位图编辑器如下图所示。位图与分辨率有关，即在一定面积的图像上包含固定数量的像素。因此，如果在屏幕上以较大的倍数放大显示位图图像，或以过低的分辨率打印位图图像，图像就会出现锯齿边缘。

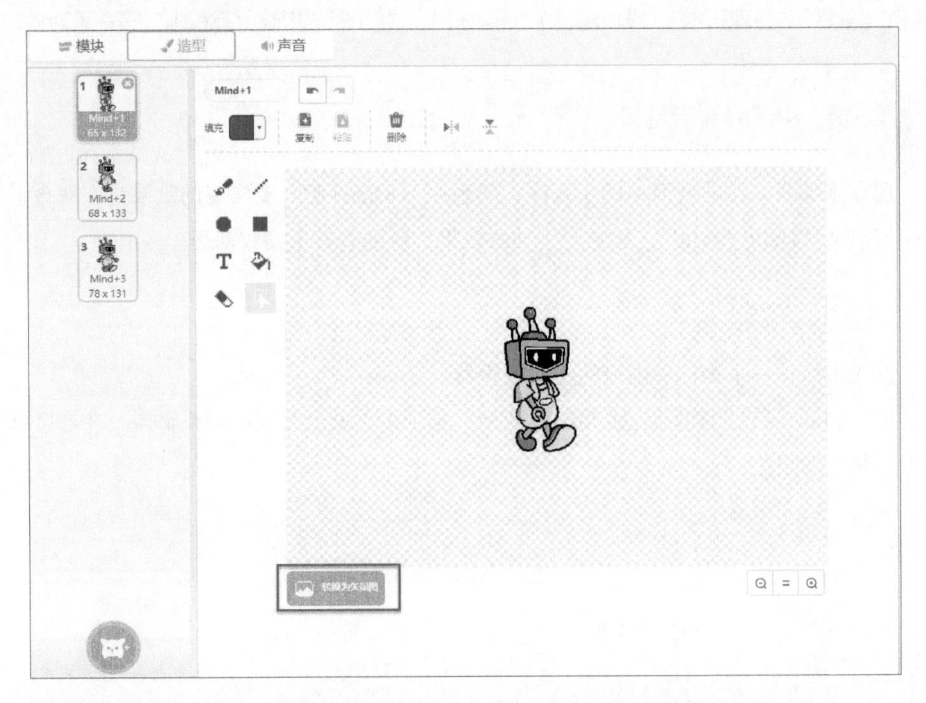

矢量图与分辨率无关，可以将它缩放到任意大小和以任意分辨率在输出设备上打印出来，并且不会影响图像清晰度。

二、编写小程序

1. 在这个程序中，用矢量图来充当两个角色，它们分别是“Hello”和“world!”。这个程序不需要默认的Mind+角色，所以在角色列表中的Mind+角色的缩略图上单击鼠标右键，从弹出的菜单中选择“删除”命令，或者直接单击Mind+角色缩略图右上角的图标将Mind+角色删除。
2. 把鼠标指针移动到角色区的按钮上，从弹出的菜单中单击按钮，将会打开绘图编辑器并添加一个新的角色及造型。

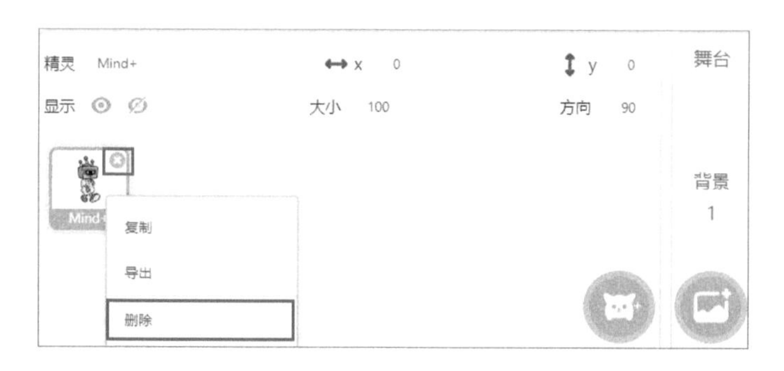

3. 单击绘图编辑器左下角的“转换成矢量图”按钮，然后使用文本工具T输入单词“Hello”，作为第1个角色。

4. 为单词“Hello”添加颜色特效，当单词被单击时，改变它的颜色。选中第1个角色，然后在积木类别中单击“事件”分类，并把当角色被点击积木拖到脚本区。

5. 把“外观”分类中的积木将 颜色 特效增加 25拖到当角色被点击的下方，如下图所示。

当拖放积木的时候，两个积木会自动“组合”到一起。现在单击舞台上的“Hello”，看看颜色的变化。

下面为第1个角色添加声音。

6. 单击“声音”选项卡，然后单击左下角的按钮，从弹出的菜单中单击“选择一个声音”按钮。打开声音库之后，选择名为“欢呼”的声音文件。

7. 单击“模块”选项卡，拖动 播放声音 欢呼 积木到脚本区已有积木的下方。现在单击绿旗按钮，“Hello”的颜色会改变并且发出欢呼的声音。

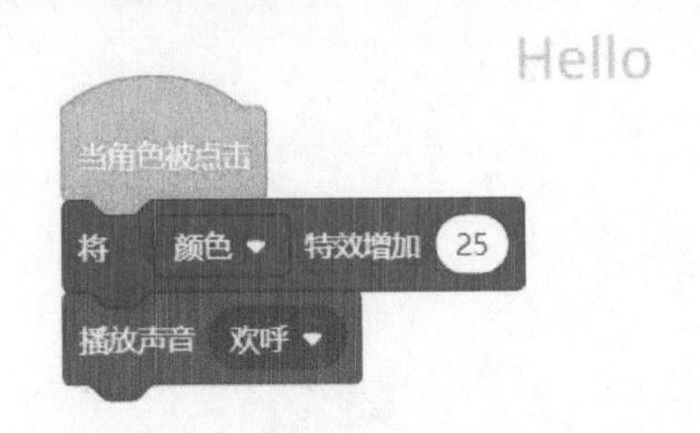

8. 单击右下角的按钮打开背景样本库，从中选择想要的背景。

9. 用手绘的方式，添加第2个角色“world!”。

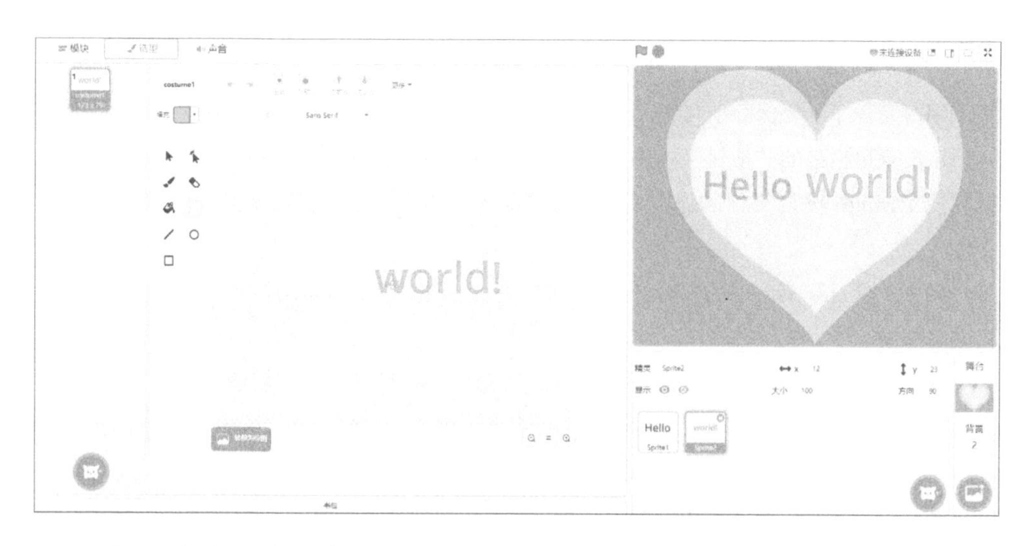

10. 让第2个角色能够随着音乐旋转起来。先拖动当角色被点击积木到脚本区，然后按照添加“欢呼”声音一样的方法添加“哄堂大笑”声音，把播放声音 哄堂大笑拖到当角色被点击积木下方。为了让第2个角色旋转起来，让它重复执行10次，每次向右旋转15°并等待1秒。这就需要增加“控制”分类中的重复执行 10 次积木，然后在其中增加“运动”分类中的右转 15 度积木和“控制”分类中的等待 1 秒积木，完成后的积木组合如上图所示。

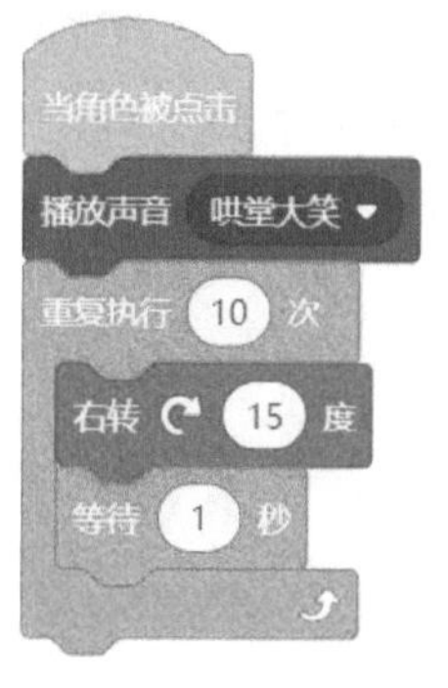

好了，第一个简单的小程序就编写完成了，效果如下图所示。

可以尝试使用不同的数字调整旋转效果，如果要复原第2个角色的角度，可以给它添加“运动”分类中的面向 90 方向积木，就这么简单！

三、文件操作

编写完程序，要保存项目。

单击菜单栏中的“项目”菜单，从中选择“保存项目”命令，输入需要保存的文件名就完成了Mind+项目文件的保存。扩展名“.sb3”表示这是基于Scratch 3.0版本的Mind+文件。

利用“项目”菜单中的“打开项目”命令可以把刚刚保存到本地的项目导入Mind+项目编辑器中。

选择“编辑”菜单中的“打开加速模式”命令，项目将进入“加速模式”，并且在程序运行按钮旁边出现一个⚡加速模式图标。在这个模式下运行程序，速度会明显加快。再次单击“编辑”菜单，选择“关闭加速模式”命令，就可以恢复到正常模式。

菜单栏上还有一个“教程”菜单，单击之后就可以打开各种类型的官方培训文档、视频教程、示例程序等。这些资料能让初次接触Mind+的用户，通过多种方式进行学习，充分了解Mind+的功能和使用技巧。

通过本章的学习，想必你已经初步体会到Mind+编程的乐趣了！

第2章

Mind+编程准备

学习完第1章，相信读者对Mind+有了一些初步的认识，但是要用Mind+进行编程，还需要做一些准备工作。

本章来了解一些有关Mind+的基本概念，以及程序设计的一些基础知识。具备了这些知识，就可以用Mind+编写程序了。

2.1 Mind+的基本概念

本节介绍Mind+的一些专业名词或术语的含义，帮助大家快速上手Mind+。

一、角色

在生活中我们看过各种影视作品，如电影、电视剧或舞台剧，里面有各种角色在进行表演。如果把Mind+中的角色比作影视作品中的演员，那我们所编写的程序，就相当于演员们要表演的剧本。

在Mind+中有一个默认的角色，一个“小机器人”。我们可以让这个小机器人做很多事情，如移动、发出声音、变换样子等。当然，有时候需要添加其他的角色来完成剧本，这时就要删除“小机器人”这个角色，添加别的角色了。

提示：删除小机器人角色有两种方法：(1) 选中它，单击鼠标右键，在弹出的菜单中选择“删除”命令；(2) 直接单击小机器人角色缩略图右上角的⊗图标。

我们会根据各种需要对角色进行操作，如添加角色、绘制角色等，这些操作可以通过

单击角色列表区中的“角色”按钮来实现，这方面内容可参考1.3节。

在编程中，有时会需要一个角色的多个不同副本都表现出相同的行为。例如，要表现下雪，天空中会落下无数个相同的雪花；要制作“打地鼠”游戏，地鼠们会以相似的形式出现。这些都需要用到“克隆”功能。在本书第4章介绍的“生日聚会”动画，会初次用到“克隆”功能。

克隆是一项重要的功能，可以通过该功能为角色生成一个完全相同的副本，从而大大简化程序的编写。

在“控制”类积木中，可以找到如下3个积木用来创建、删除和启动克隆体。这3个积木的说明及使用方法可以参考后续章节的游戏案例。

二、造型

在舞台剧中，每个人物角色要根据剧本设定或更换自己的装扮和形象。在Mind+中，造型就是角色的装扮和形象。一个角色可以有多个造型，而在不同的条件下，角色通过切换为不同的造型来表现动作或状态的变化。

例如，下图所示为在4.1节中介绍的“美丽大森林”游戏中的“蛇”角色，它就用到了两个造型，通过脚本，让蛇角色在两个造型之间切换，从而实现蛇的行走动作。

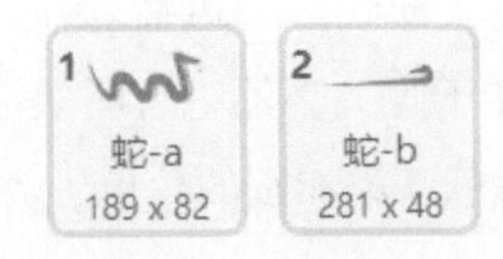

仔细观察造型可以发现，在每个造型的左上角有一个数字，这是造型的编号，“蛇-a”造型的编号是1，“蛇-b”造型的编号是2。可以利用 造型 编号 命令来获取编号，用来判断当前角色的造型是什么。

三、背景

在舞台剧中，人物角色往往会在不同的舞台背景中出现。在Mind+中，背景就像是舞台剧中的舞台背景，是衬托在最底层的图像式场景。可以给舞台添加一个或多个背景，这样当角色在舞台上出现的时候，背景就是多样的了。

下图是4.1节中介绍的“美丽大森林”游戏中使用的背景。

Mind+应用程序在默认情况下会被分配一个空白的背景。可以单击项目编辑器右下方的“舞台”工作区中的“背景库”按钮，从弹出的菜单中选择一种方式来添加新的背景。在右下方选择“舞台”缩略图区，再单击项目编辑器左上方的“背景”选项卡，就可以添加、编辑和删除背景。

四、声音

在影视作品中，常常会通过背景音乐来烘托氛围，在游戏作品中会使用音效来表达游戏状态，这些都需要通过“声音”来实现。在本书介绍的程序设计中，也使用了大量的声音效果，以表现程序中的各种事件和状态，增加程序的趣味性。

在3.3节的“打地鼠”游戏中，锤子砸中地鼠时会发出声音，所以从角色库中选择类似的声音——“当”来表示。

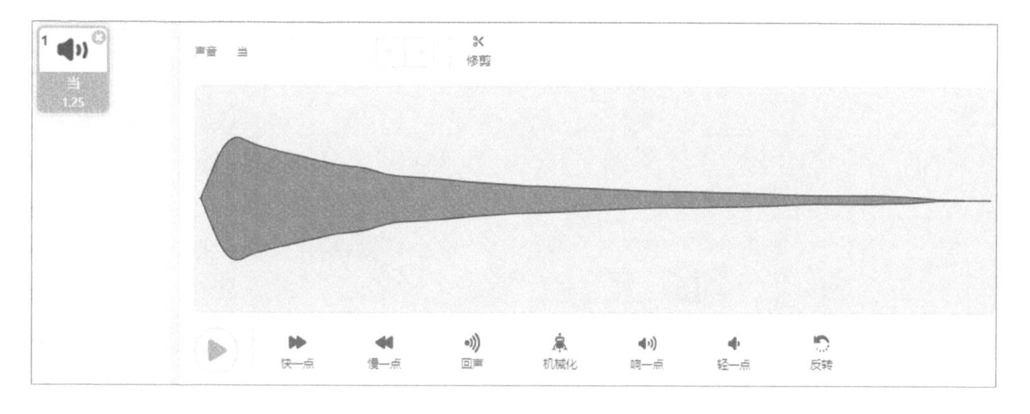

在Mind+中可以通过项目编辑器左上方的“声音”选项卡来添加、录制和上传声音。

五、积木

在Mind+中，使用一个个积木组合成程序脚本，用来代替烦琐难懂的程序代码。不同种类的积木以不同的颜色来显示，便于识别和区分。这些积木可以实现运动、控制、运算、外观、声音、侦测等功能。使用Mind+进行编程，实际上就是按照一定的程序逻辑将积木有序地组合在一起，程序的功能就实现了。

如果Mind+提供的积木不够用，还可以根据自己的需要自定义积木来完成特定的任务。

在“模块”选项卡下，选择最下方的“函数”分类，单击“自定义模块”按钮，将弹出一个“添加一个自定义模块”窗口，在其中的“积木名称”框中可输入新建积木的名称。这里，以创建一个名为“我的模块”的自定义积木作为例子。

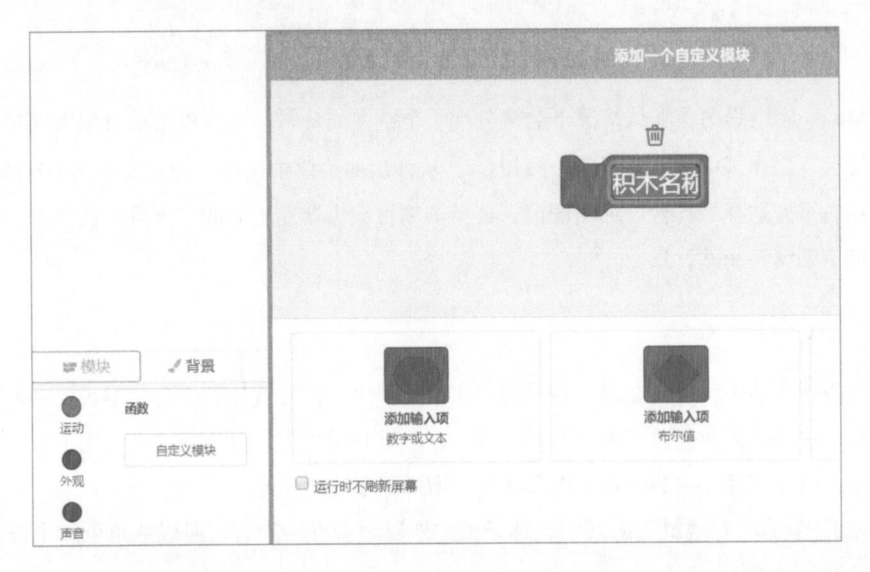

命名之后，新建的积木会出现在“自定义模块”按钮的下方，在指令区也会出现“定义×××”的积木。在该积木的下方，可以通过编写代码来定义这个积木需要实现的功能。定义好之后，在编写程序时，就可以像Mind+中已有的积木一样直接使用。

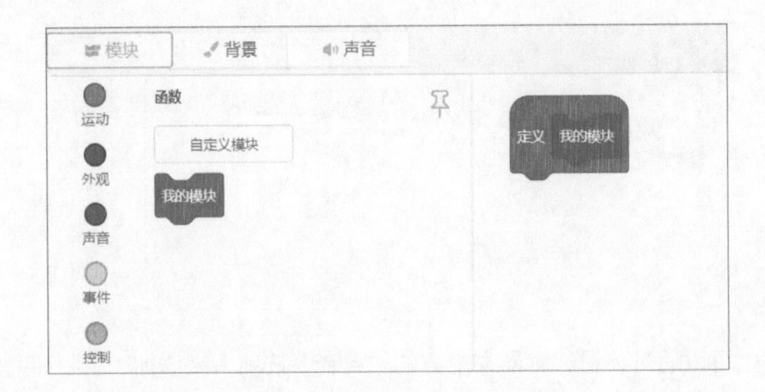

六、脚本

通过将不同类型的积木组合在一起构成控制角色运行的编程逻辑就是脚本。在Mind+中，用“模块”取代了“脚本”，其实二者在概念上的差别不大。

可以在项目编辑器顶部的“模块”选项卡中访问9大类别的积木，并且在项目编辑器中间的指令区中组合这些积木来构成脚本，如下图所示。

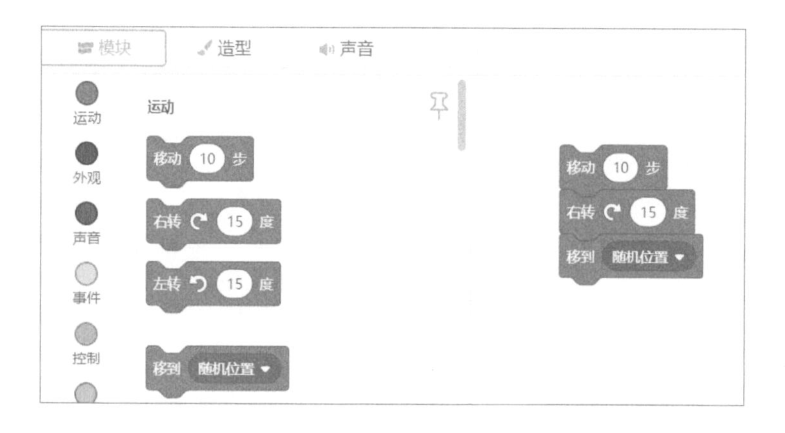

七、坐标

Mind+中的舞台大小是宽为480个单位，高为360个单位。用x轴和y轴组成的坐标系统将舞台映射为一个逻辑网格。x轴的坐标范围为−240～240，y轴的坐标范围为−180～180。舞台中心的坐标为（0，0），如下图所示。

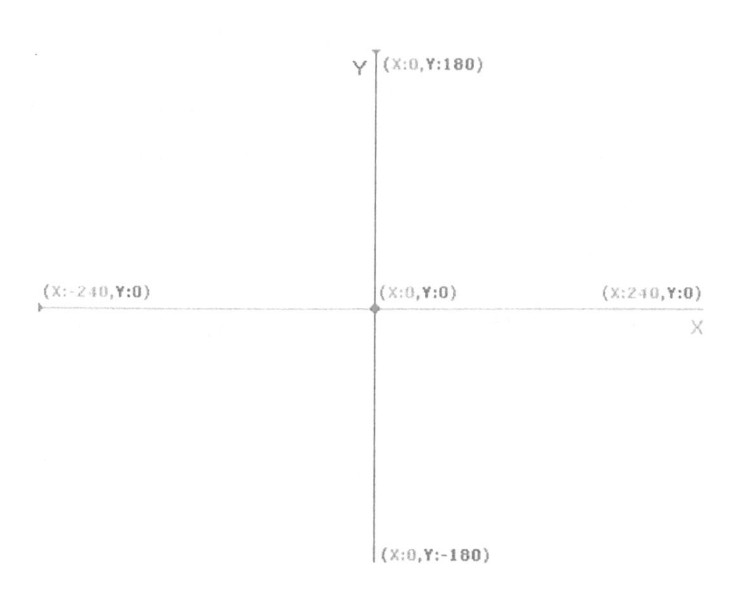

坐标的概念非常重要，在实际编程中，当需要放置或移动角色时，经常需要计算坐标值。在Mind+项目编辑器右下方的角色列表区域，会显示当前角色的坐标值。

八、碰撞

当游戏中发生一些特定情况，需要通过侦测角色和角色之间是否发生碰撞来确定。例如，在“接星星”游戏中，通过左挡板臂角色是否碰到了小星星来判断它是否接到了一颗星星；在“打地鼠”游戏中，通过地鼠是否碰到了锤子来判断是否打中了地鼠。

在Mind+中，判断碰撞的积木属于“侦测”类积木。此外，判断空格键是否被按下、鼠标按键是否被按下等情况，可以使用“侦测”类的碰到颜色积木。

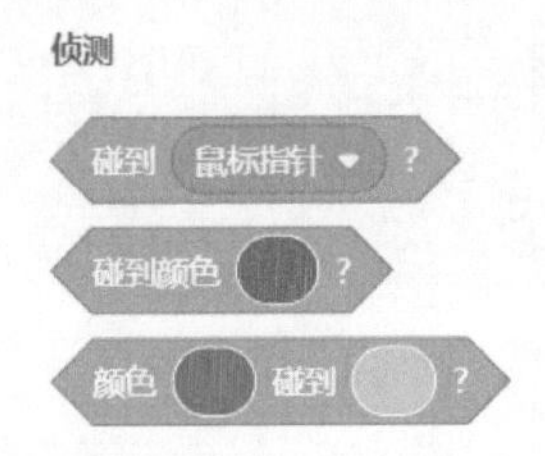

九、如何让程序开始执行

每个程序都有一个执行入口，也就是程序开始执行的地方。在编写完一个程序后，可以用来执行程序。

Mind+程序的执行入口是脚本中的 当 被点击 积木。

当编写好程序要运行测试的时候，单击项目编辑器右上方的按钮，程序会从 当 被点击 积木开始执行。在程序执行过程中，只要单击项目编辑器右上方的按钮，程序就会停止执行。如果舞台显示的大小需要更改，可以单击项目编辑器右上方的按钮，打开全屏模式；在全屏模式下单击右上方的按钮，会退出全屏模式，恢复正常的显示模式。

2.2 程序设计的基本概念

本节介绍有关程序设计的一些基本概念。

一、变量

变量就像一个用来装东西的盒子，可以把要存储的东西放在盒子里面，再给这个盒子起一个名字。那么，当需要用到盒子里的东西时，只要说出这个盒子的名字，就可以找到其中的东西了。还可以把盒子里的东西取出来，把其他的东西放进去。

就像下图所示的盒子，将这个盒子（变量）命名为甲，在其中放入数字2。那么，以后就可以用“甲”来引用这个变量，它的值就是2。当把2从盒子中取出，放入数字3的时候，如果此后再引用变量“甲”，它的值就变成3了。

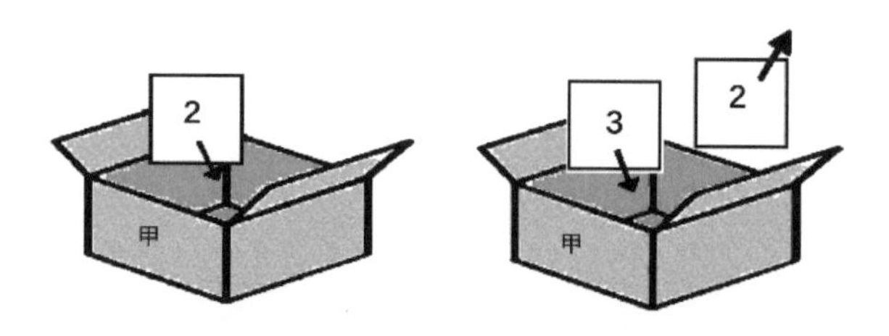

那么如何新建一个变量？在Mind+中，可以从“模块”选项卡的“变量”类积木中，单击“新建变量”按钮来创建变量。

在弹出的“新建变量”对话框中，需要填写“新变量名”给这个变量取一个名字。可以选择该变量是“适用于所有角色”，还是“仅适用于当前角色”。给这个变量取名为“我的变量”，单击“确定”按钮。

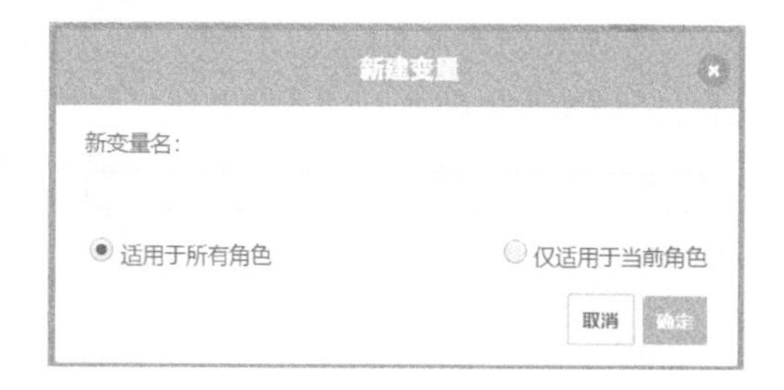

在“模块”选项卡中，会出现用来控制和使用变量“我的变量”的多个积木。注意第一个积木，如果选中“我的变量”前面的复选框，在舞台区就会显示出该变量的一个监视器。

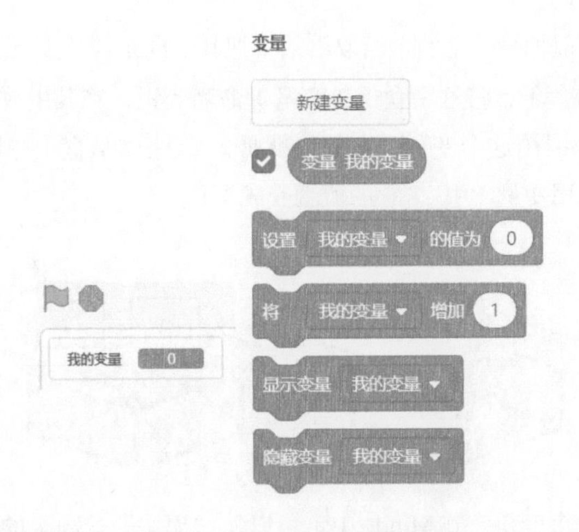

提示：在与变量相关的一组积木中，变量名前面的复选框用来控制变量的监视器是显示在舞台区还是隐藏起来。在创建变量的时候，这个复选框默认是未选中的。

二、列表

列表是具有同一个名字的一组变量。刚刚将变量比作了装东西的盒子，而列表则是有一列抽屉（盒子）的柜子，柜子的每一个抽屉（盒子）都相当于一个变量。

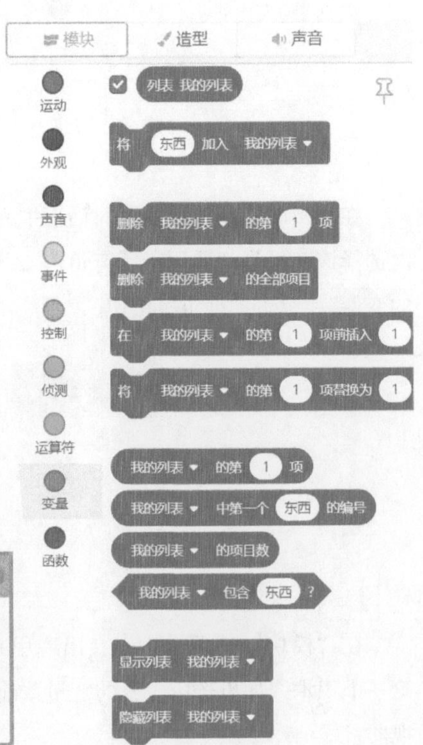

创建列表的步骤和创建变量类似。在“模块”选项卡的“变量”类积木中，单击“新建列表”按钮，将会弹出“新建列表”对话框。在“新建列表”对话框中给列表取一个名字，选择它的适用范围。

这里，以“我的列表”作为列表名。单击“确定”按钮之后，在“模块”选项卡的积木区域会出现和“我的列表”对应的12个新增的积木，通过它们可以对该列表进行一系列操作，如给列表添加项、删除项、替换项、显示列表监视器、

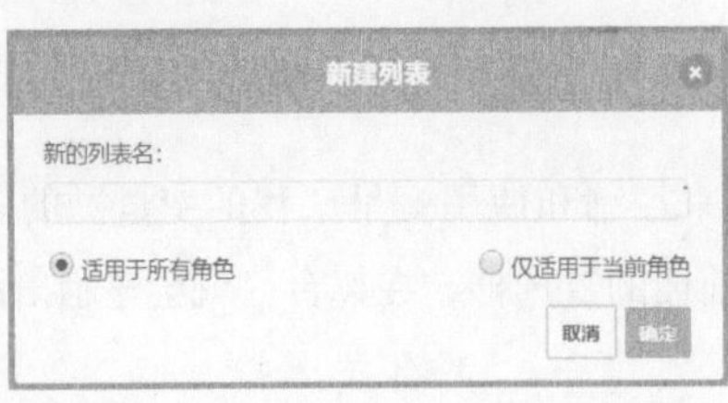

获取列表的项和编号等。

“我的列表”前面的复选框同样可以选中，作用是在舞台区显示出该列表的一个监视器。下图左边是创建的名为“我的列表”的列表，单击列表监视器下方“长度”前面的“+”按钮，可以给这个柜子添加“抽屉”(即列表项)。下图右边是手动添加了5个列表项之后的“我的列表”。

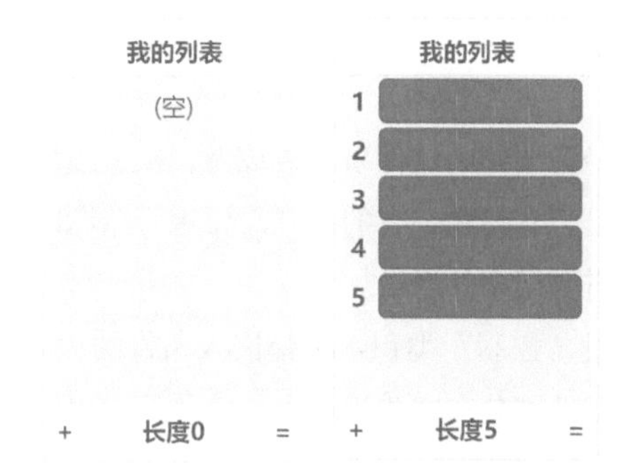

提示：在编程时，列表可以用来表示一组相似的变量。例如，在3.4节中，编写“幸运小纸牌”游戏程序时，使用带有6个项目的一个列表来表示6张卡牌。

三、数学计算

在编程中，经常会有各种数据需要进行数学运算。

在Mind+中，“模块”选项卡中的“运算符”类积木提供了丰富的数学运算功能，如常用的加、减、乘、除、生成随机数、逻辑运算等。

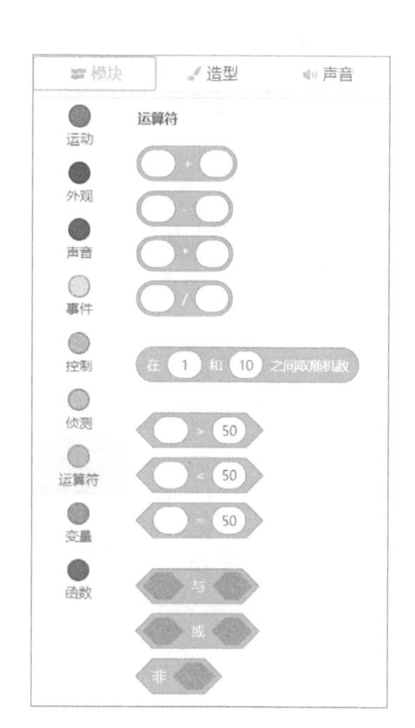

四、循环

循环是指重复地做一件事情，在这方面计算机比人类更擅长。可以通过编程中的循环功能，把一些简单而重复的事情交给计算机来做。

在Mind+中，可以通过“控制”类积木中的“重复执行”积木实现循环。Mind+中共有3种“重复执行”积木。

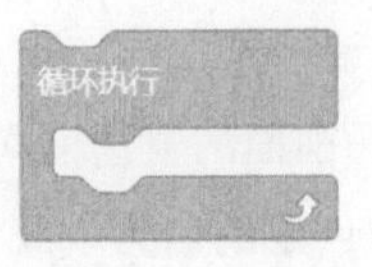

3个积木的作用依次是重复执行框内程序一定的次数、重复执行框内程序直到满足某一条件和无条件地循环执行框内程序。

五、条件

我们在做一件事之前经常要判断这件事是否该做，根据预期结果来决定。比如，作业发下来了，我们需要先看是否有错题，有的话就需要进行错题的更改，如果没有错题就可以做作业了。这种情况就需要用条件逻辑。

在Mind+中，可以通过“控制”类积木中带嵌入条件的积木来实现条件控制。共有4种带有条件逻辑的积木，条件部分在这些积木中是棕色的六边形，如下图所示。

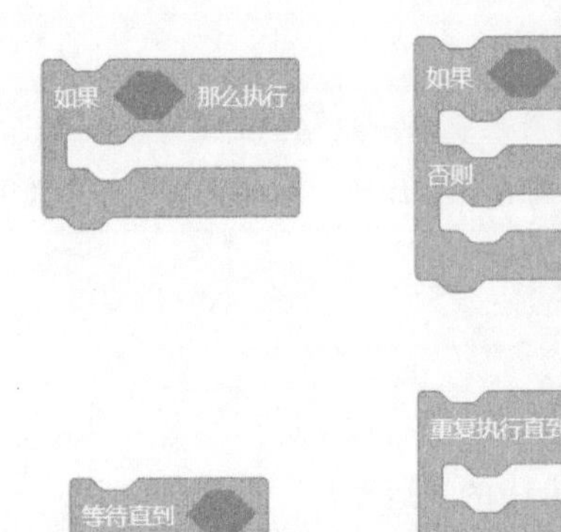

在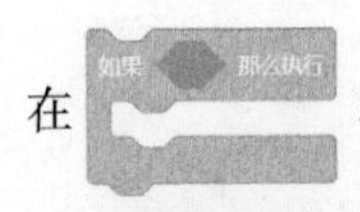积木中，只有六边形中的条件成立时，才会执行其包含的语句。

在积木中，当六边形中的条件成立时，执行“那么执行”后面的语句；当条件不成立时，执行“否则”后面的语句。

积木在条件成立之前一直等待，条件成立后再执行其后面的语句。

积木是带有条件逻辑的循环，当条件成立后，循环停止并且不再重复执行。

六、事件和消息

当某个事件发生后，需要针对这个事件做出一定的措施。例如，明天要去野营，就需要准备好装有食物的饭盒；马上就要升国旗了，没穿校服或戴红领巾，就需要赶紧回班上穿戴好再来参加升国旗仪式。

在编程中，也需要对一些事件进行处理。事件处理是指程序会根据出现的预先定义的事件启动脚本的执行。例如，当单击绿旗、按下某一个键盘按键、接收到一条消息、切换到某一背景等事件发生的时候，就需要执行一些相应的程序。

在Mind+中，“事件”类积木就是专门来实现事件处理功能的。

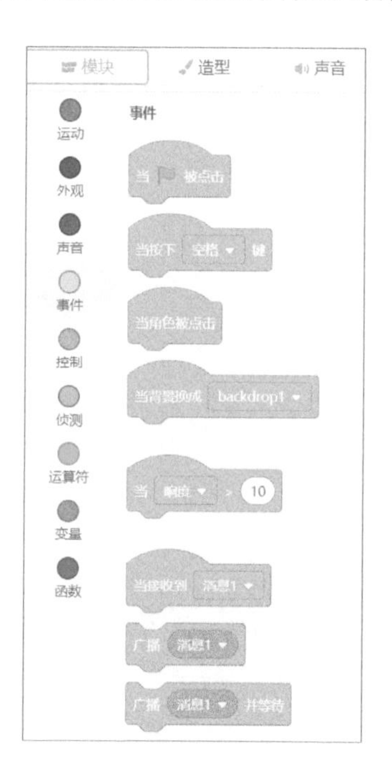

这里简单介绍一下消息积木。在Mind+程序中，经常通过搭配使用 广播 消息1 和 当接收到 消息1 积木传递和接收消息来协调应用程序的不同部分的执行。

本章介绍了Mind+中的一些基本概念和程序设计中一些较为通用的基本概念，如果读者在学习后续内容时对一些概念的理解有困难，可以翻回来再次阅读。

第3章

初级程序设计之一

从本章开始，我们将由浅入深地介绍一些好玩又比较简单的程序设计。每一章有趣的编程过程都会让你感受到Mind+在编程上的优势。

本章介绍4款比较简单的小游戏的设计，它们是“中国好眼神”“走迷宫”“打地鼠”“幸运小纸牌”，这4款游戏会帮你快速上手Mind+的使用。

3.1 中国好眼神

这款游戏其实和大家玩过的“找不同”游戏的玩法类似，玩家只需从两张类似的图片中找出不同的地方。

玩家要在给出的图片中找到与目标图片不同的地方，也就是角色。当玩家用鼠标选中了相应的角色，角色就会切换为带有红色圆圈的造型，表示查找成功。

游戏中有下图所示的8个角色。

一、变量

这个游戏只有一个变量，它是负责记录找到几个不同的计数器，该变量要设为隐藏变量。

提示："计数器"变量前面的复选框是没有选中的，表示这个变量是隐藏的，即该变量的监视器不会在舞台上显示出来。

二、角色和编程步骤

首先，需要把默认的"小机器人"角色删除，然后再添加需要的角色。

（1）第1个角色：开始界面。

添加的第1个角色是"开始界面"。

该角色有两段脚本。

第1段 当单击绿旗时，将角色移到最前面，这时“开始界面”角色遮住了“开始按钮”角色。最后，显示“开始界面”角色。

第2段 当收到“开始游戏”消息时，隐藏“开始界面”角色。需要注意的是，在单击“开始按钮”角色时，会广播消息“开始游戏”，我们稍后就会看到。

（2）第2个角色：开始按钮。

该角色的造型如下。

该角色也有两段脚本。

第1段 当单击绿旗时，将“开始按钮”角色移到最前面，显示该角色。

第2段　当单击“开始按钮”角色时，隐藏该角色，并广播消息“开始游戏”。

（3）第3个角色：游戏说明。

该角色的造型如下。

1
游戏说明
452 x 106

下面两张图片有四处不同的
地方，请在上边的图片中，用鼠标
点选出不同的地方。

该角色有一段脚本。

当接收到“开始游戏”消息时，将“游戏说明”角色移到最前面，然后显示该角色和播放声音。之后，隐藏该角色。

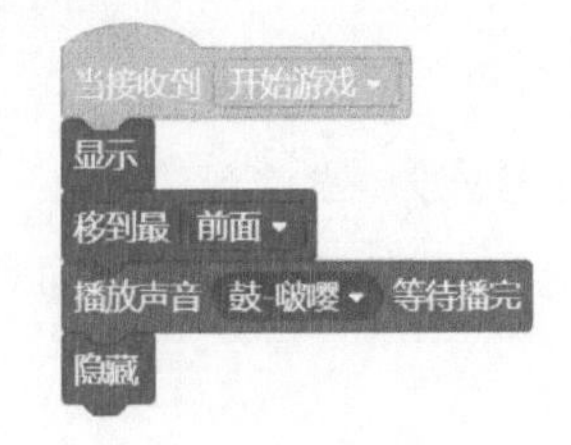

（4）第4个角色：找不同。

该角色的造型如下。

从声音库中为“找不同”角色选择一个声音“Chill”，当玩家选中了不同之处时，播放此声音表示胜利。

该角色有一段脚本。

当接收到“开始游戏”消息时，角色移动到舞台中央。移到最后面，目的是让它在所有角色之下，以免覆盖其他角色，这样后面介绍的“不同1”等角色才能显示在“找不同”角色之前。将变量“计数器”设置为“0”，当“计数器”等于“4”时，会播放声音“Chill”，并宣布获胜的消息。

（5）第5个角色：不同1。

该角色有两个造型，正常形态的造型叫“造型1-a”，用红色圆圈圈出来的形态造型叫“造型1-b”。

该角色有一个声音，是从声音库里选择的“叮”，当选中该角色时会播放该声音。

该角色有两段脚本。

第1段　当接收到“开始游戏”消息时，将造型切换为“造型1-a”，也就是没有红色圆圈的造型。

第2段　当单击角色时，将造型切换为“造型1-b”，也就是带有红色圆圈的造型，表示选中了不同之处的造型。然后将变量“计数器”加“1”，播放声音“叮”，表示成功找到了一处不同。

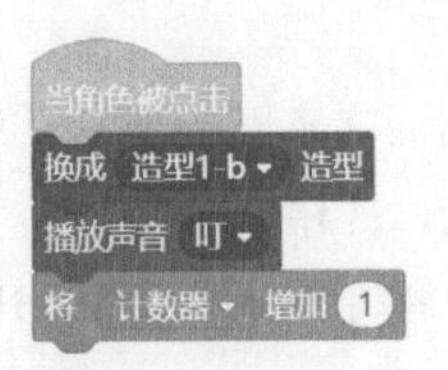

（6）第6个角色：不同2。

该角色的造型如下。

“不同2”角色的脚本和“不同1”角色的脚本基本一致，这里不再赘述。

（7）第7个角色：不同3。

该角色的造型如下。

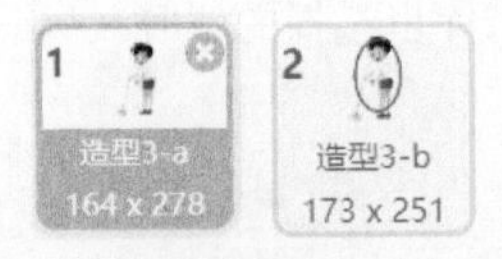

“不同3”角色的脚本和“不同1”角色的脚本基本一致，这里不再赘述。

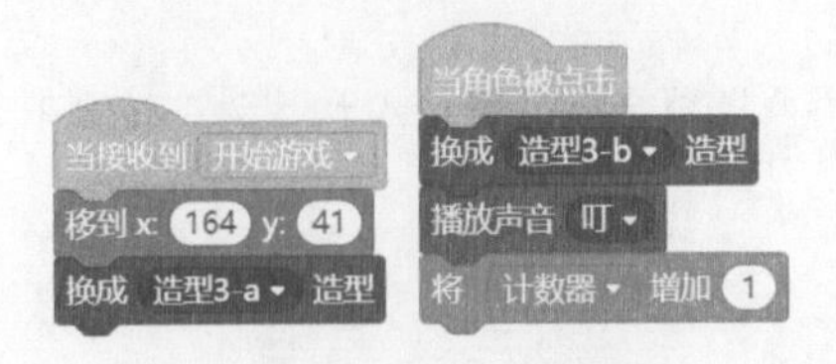

（8）第8个角色：不同4。

该角色的造型如下。

“不同4”角色的脚本和“不同1”角色的脚本基本一致，这里不再赘述。

这个游戏很简单，到这里就设计完成了。其中，最重要的内容就是各个不同角色的脚本编程，这也是Mind+游戏编程的一个特点。快来运行你的游戏，找找不同吧！

读者也可以自己动手，按照这个游戏的编写过程，尝试更换不同的图片，邀请好朋友一起来玩！

3.2　走迷宫

本节我们来设计“走迷宫”游戏。在这个游戏中，玩家需要操控老鼠找到4盒藏在迷宫角落里的罐头，才能获得胜利。

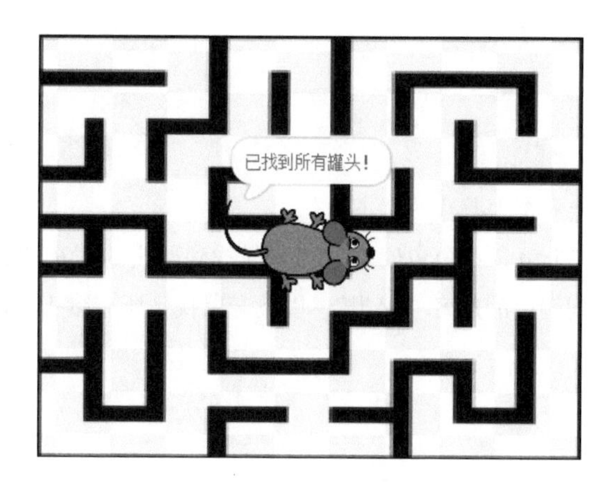

一、变量

游戏中定义了以下3个变量。

- x：老鼠的x坐标，是隐藏变量。
- y：老鼠的y坐标，是隐藏变量。
- 罐头的数量：表示找到了几盒罐头，是隐藏变量。

二、背景

本地上传一张迷宫图片作为背景。

三、角色

这个游戏中共有5个角色，分别是4盒罐头和1只老鼠。

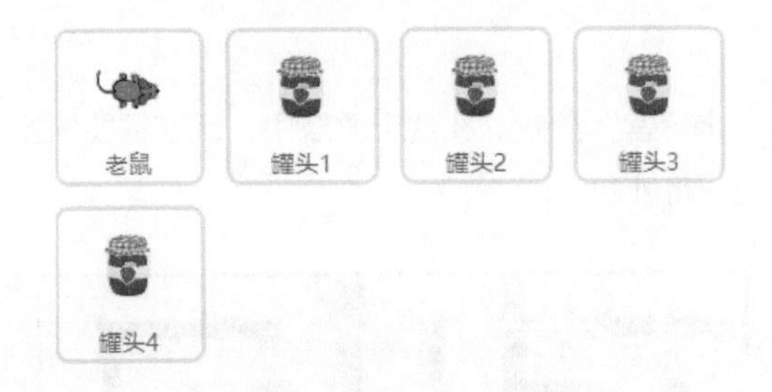

（1）第1个角色：老鼠。

选择角色库中的老鼠作为游戏的“主角”。

为这个角色添加4个声音：角色库里的当老鼠找到罐头的声音“啵”，老鼠移动的声音“嘎吱1”，老鼠碰到墙壁的声音“警报”，以及老鼠找到所有罐头的声音“咕嘟咕嘟”。

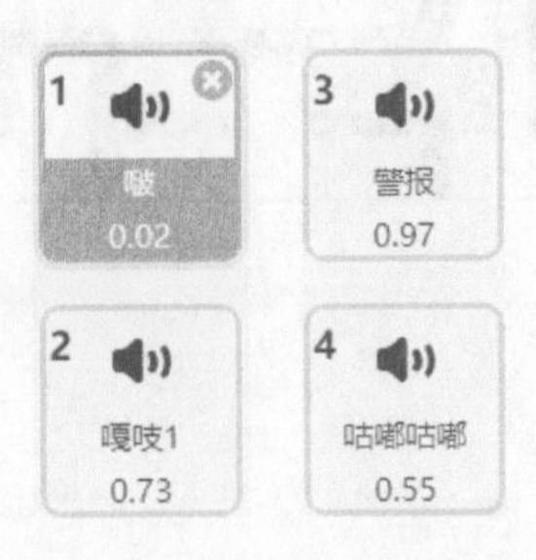

这个角色有3段脚本。

第1段 当单击绿旗时，首先进行初始化。将老鼠角色放到迷宫起始处。设置角色的大小，并将其移到最前面，拖曳方式为不可拖曳。作为初始化的一个步骤，还要将“罐头数量”变量设置为“0”。循环执行后续代码，完成通过方向键来移动角色的任务。

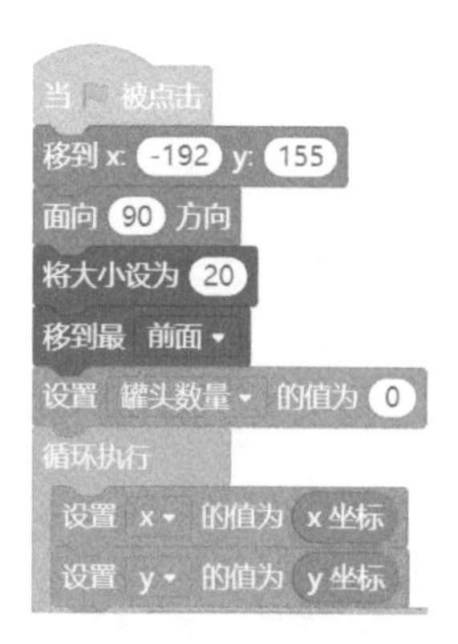

将角色的x坐标保存到变量“x”中，将角色的y坐标保存到变量“y”中。

如果按←键，将x坐标增加“−5”，表示向左移动；然后面向“−90°”方向，与老鼠的运动方向保持一致，同时播放“嘎吱1”声音。

如果按→键，将x坐标增加“5”，表示向右移动；然后面向“90°”方向，与老鼠的运动方向保持一致，同时播放“嘎吱1”声音。

如果按↑键，将y坐标增加“5”，表示向上移动；然后面向“0°”方向，与老鼠的运动方向保持一致，同时播放“嘎吱1”声音。

如果按↓键，将y坐标增加“−5”，表示向下移动；然后面向“180°”方向，与老鼠的运动方向保持一致，同时播放“嘎吱1”声音。

如果碰到迷宫墙壁的颜色，角色将回到移动前的位置，表示碰到墙壁无法移动，同时播放“警报”声音，表示撞墙。

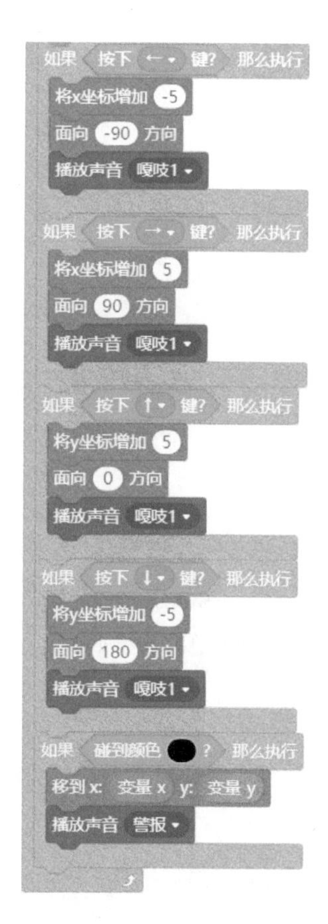

提示：老鼠移动时，为了避免玩家可能会一直按住方向键，导致声音变成了噪声，播放声音需要使用“播放声音……等待播完”积木，而不是“播放声音……”积木。因为使用“播放声音……等待播完”积木，会等这个声音播放完后，才继续执行后续的脚本。

第2段　当单击绿旗后，首先判断下图所示条件是否成立。

如果条件成立，就表示老鼠已经找到了全部4盒罐头；如果条件不成立，表示还没有找到所有罐头，一直等待。如果条件成立，会停止其他脚本，然后把老鼠移到屏幕中央，将它逐渐放大，播放声音“啵”并宣布玩家已经找到所有罐头，表示玩家获胜。

第3段　当接收到“找到罐头”消息时，播放声音“咕嘟咕嘟”。

（2）第2个角色：罐头1。

该角色的造型如下。

这个角色只有一段脚本。

当单击绿旗时，显示角色。在碰到老鼠角色之前一直等待。当碰到老鼠角色时，会广播消息“找到罐头”，然后变量“罐头数量”增加“1”，隐藏“罐头1”，表示老鼠已经找到了罐头。

（3）第3～5个角色：罐头2～4。

复制3盒罐头，然后将这3盒罐头放到不同的位置。这3盒罐头的造型与脚本和“罐头1”一样，这里不再赘述。

提示：复制角色的方法是选中目标角色的缩略图，单击鼠标右键，在弹出的菜单中选择“复制”命令。

这样就会生成一个从造型到脚本完全一样，只是角色名最后的数字不一样的角色。

“走迷宫”游戏到这里就设计完成了。大家可以试着玩一玩，也可以添加更多的罐头或切换更复杂的地图，甚至可以设置不同的关卡，从而增加游戏的趣味性和难度。

3.3 打地鼠

本节设计“打地鼠”游戏，这是一款比较经典的游戏，玩家通过操控锤子打击不时从地洞里冒出来的地鼠，打中之后会获得分数。

一、变量

本游戏需要使用两个变量。

- 剩余时间：游戏还剩下多少时间结束，这个变量会显示。
- 得分：玩家获得的分数，这个变量会显示。

二、背景

选择“playing field”作为背景，然后把它制作成“地洞”。

这个背景只有一段脚本。

当接收到“开始游戏”消息后，设置变量初始值，并开始游戏倒计时。将变量“得分”设置为“0”，随着玩家打中地鼠，“得分”会增加。将变量“剩余时间”设置为“30”，表示一局游戏的时间为30秒。执行一个循环“30”次，在循环中，每次等待一秒后，将变量“剩余时间”减“1”。当“剩余时间”为0后，广播“游戏结束”消息，并停止运行全部脚本。

```
当接收到 开始游戏
设置 得分 的值为 0
设置 剩余时间 的值为 30
重复执行 30 次
  等待 1 秒
  将 剩余时间 增加 -1
广播 游戏结束 并等待
停止 全部脚本
```

三、角色

游戏中有10个角色，分别是6只地鼠、1把锤子，以及表示开始按钮、开始界面、结束界面的3个角色。

（1）第1个角色：开始界面。

这个角色有两段脚本。

第1段　当单击绿旗时，显示角色。

第2段　当接收到“开始游戏”消息时，隐藏角色。

（2）第2个角色：开始按钮。

该角色的造型如下。

该角色也有两段脚本。

第1段　当单击绿旗时，移动角色位置，将角色移到最前面，并显示角色。

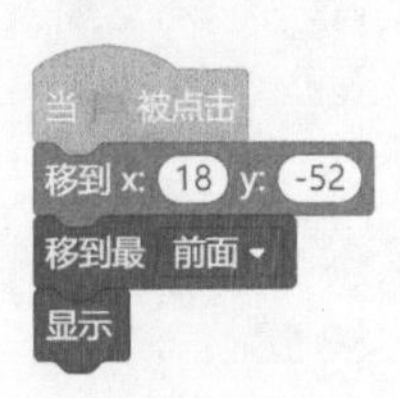

第2段　当单击角色时，隐藏角色，并广播“开始游戏”消息。

（3）第3个角色：锤子。

“锤子”角色有两个造型，分别表示“普通”（造型1）造型和“攻击”（造型2）造型。

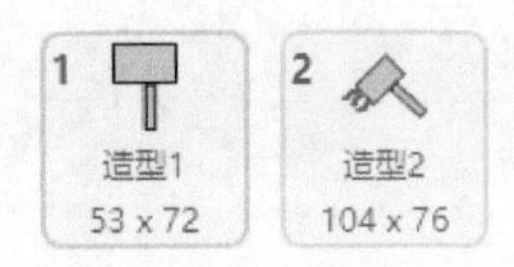

这个角色也有两段脚本。

第1段　当接收到“开始游戏”消息时，显示角色，并将造型切换为“造型1”造型，让锤子跟随鼠标移动。如果侦测到按下鼠标左键，将造型切换为“造型2”造型，表示要打地鼠。随后等待“0.2”秒，再将造型切换到“造型1”造型。

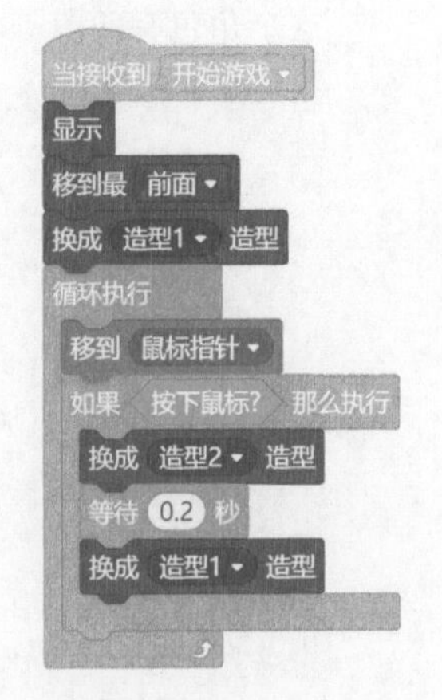

第2段 当接收到“游戏结束”消息时，隐藏角色。

（4）第4个角色：结束界面。

这是游戏结束时显示的信息，如下图所示。

该角色有两段脚本。

第1段 当单击绿旗时，隐藏该角色。

第2段 当接收到“游戏结束”消息时，将角色移到最前面显示。

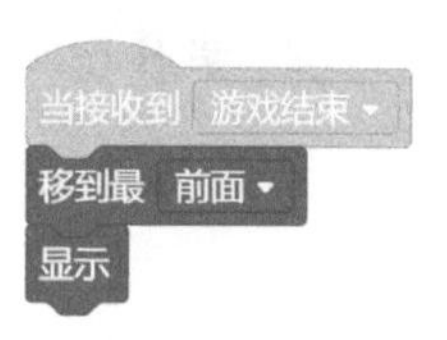

（5）第5个角色：地鼠1。

对于地鼠角色，选择角色库里的“squirrel”，将其命名为“地鼠1”。

从角色库中选择“当”声音，表示锤子砸中地鼠时发出的声音。

该角色有两段脚本。

第1段　当单击绿旗时，将“地鼠1”角色移动到第一个洞里，然后隐藏该角色。

以下脚本会重复执行：随机等待一段时间后，显示该角色，表示地鼠钻出洞来；之后随机等待一段时间，隐藏该角色，表示地鼠又躲回洞中。

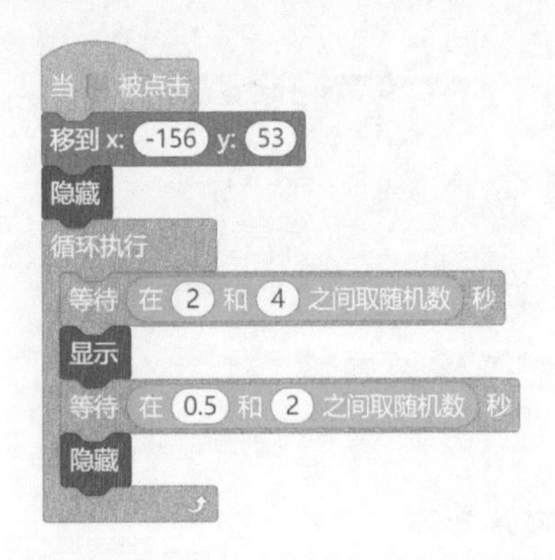

提示：“运算”类积木中有一个“在……和……之间取随机数”积木，表示从指定的数字范围内任意挑选其中一个数值。例如，我们在程序中用到的“在2和4之间取随机数”，表示在2～4中随机选择一个整数，可能是2，也可能是3或4。

第2段　当单击绿旗后，就开始侦测该角色是否碰到锤子，并且锤子的造型名称是否为“造型2”。如果这两个条件都满足，就播放声音，隐藏角色，并且将变量“得分”加“1”，表示打中了地鼠。

当 被点击
循环执行
如果 碰到 锤子 ? 与 锤子 的 造型名称 = 造型2 那么执行
将 得分 增加 1
播放声音 当
隐藏

（6）第6～10个角色：地鼠2～地鼠6。

地鼠2～地鼠6的造型和声音与地鼠1的是一样的，脚本也基本一样，需要更改角色放置的位置和等待的时间长短。

可以通过复制地鼠1的角色，对脚本稍作修改，这里不再赘述。

这个游戏制作完成，试玩一下吧！

3.4 幸运小纸牌

本节我们来设计一款考验玩家记忆力的游戏，也就是“消消乐”，想必你一定很熟悉。操作也很简单，玩家只需在游戏中找到两张相同的图片就能将其消除，玩家找到所有图片就胜利了。

一、变量和列表

本游戏需要定义4个变量。

- 已翻卡牌编号：表示第一次翻起来的卡牌的编号，这个变量会显示。
- 第几次翻牌：表示第1次还是第2次翻卡牌，这个变量会显示。
- 猜对次数：表示猜对了几次，这个变量会显示。
- 行数：用于创建列表，是隐藏变量。

本游戏还需要定义两个列表。

- 临时列表：用于生成“卡牌1”到“卡牌6”的顺序。
- 卡牌列表：用于将卡牌顺序随机打乱，让每一局游戏的卡牌顺序都不同。

二、背景

从背景库找到“群星”图片作为舞台背景。

背景有一段脚本，用来打乱卡牌顺序，完成初始化。

当接收到“开始游戏”消息时，删除“临时列表”的全部项目，将变量“行数”设置为“1”。

重复执行以下脚本6次：将“卡牌”和变量“行数”两个字符串连接在一起形成一个新的字符串，然后把这个字符串添加到“临时列表”中，再将变量“行数”增加“1”。经过循环，将字符串“卡牌1”到“卡牌6”顺序插入“临时列表”中。

删除“卡牌列表”中的全部项目，然后重复循环以下脚本直到“临时列表”的项目数为“0”才会跳出循环：在循环体中，首先从“1”到“临时列表”的项目数之间取一个随机数，并将其赋值给变量“行数”；然后将“临时列表”的“行数”项的值加入“卡牌列表”中，并且将“临时列表”的“行数”项删除。通过这3条语句，可以从“临时列表”中随机选择一条记录，将其插入“卡牌列表”中，然后从“临时列表”中删除这条记录。经过6次重复，“临时列表”中的数据都迁移到“卡牌列表”中，只是顺序被打乱了。

广播“排列卡牌”消息，然后初始化变量，将变量“已翻卡牌编号”设置为空，将变量“第几次翻牌”设置为“1”，将变量“猜对次数”设置为“0”。

```
当接收到 开始游戏
删除 临时列表 的全部项目
设置 行数 的值为 1
重复执行 6 次
    将 合并 卡牌 变量 行数 加入 临时列表
    将 行数 增加 1
删除 卡排列表 的全部项目
重复执行直到 临时列表 的项目数 = 0
    设置 行数 的值为 在 1 和 临时列表 的项目数 之间取随机数
    将 临时列表 的第 变量 行数 项 加入 卡排列表
    删除 临时列表 的第 变量 行数 项
广播 排列卡牌
设置 已翻卡牌编号 的值为
设置 第几次翻牌 的值为 1
设置 猜对次数 的值为 0
```

三、角色

游戏中有7个角色：6张卡牌角色和开始游戏角色。

（1）第1个角色：开始游戏。

“开始游戏”角色的造型如下图所示，前两个造型是按钮，最后一个是造型提示音。

在声音库中增加两个声音，表示没选中所对应的声音“没选中”和全部选中后所对应的声音“成功”。

这个角色有4段角本，具体内容如下。

第1段　当单击绿旗时，将造型切换为“开始游戏”按钮，显示角色。

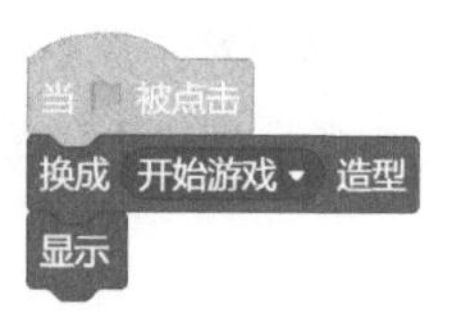

第2段 当单击角色时，进行判断。如果造型是“开始游戏”按钮或“再来一局”按钮，广播“开始游戏”消息，隐藏角色。

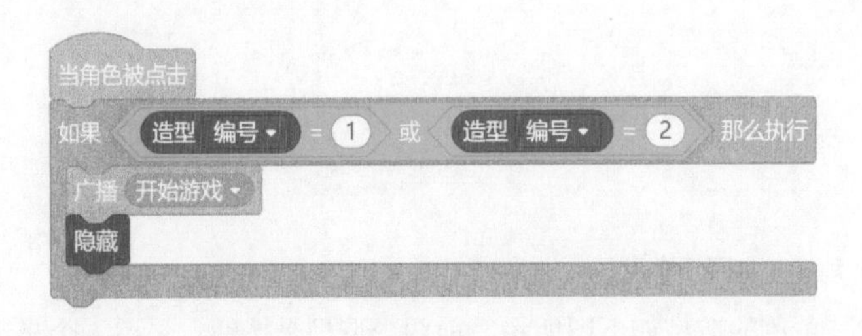

提示：“造型编号”积木指的是角色当前造型的编号，可以在造型左上角看到每个造型的编号。如下图所示，“开始游戏”角色有3个造型，可以看到“开始游戏”造型的编号是1，“再来一局”造型的编号是2，“没选中”造型的编号是3。

在条件中，可以看到“造型编号”等于“1”，表示此造型是“开始游戏”按钮；“造型编号”等于“2”，表示此造型是“再来一局”按钮。由此可以判断造型是不是“开始游戏”按钮或“再来一局”按钮。

第3段 当接收到“开始游戏”消息后，程序在条件成立前一直等待。我们有6张图片，两两匹配，那么最多会匹配成功3次，所以当变量“猜对次数”等于“3”的时候，就表示所有图片都已经成功配对。当条件成立后，会播放“成功”的声音。之后，将变量“猜对次数”重新设为“0”，造型切换为“再来一局”按钮，然后显示角色。

第4段　当接收到“错误”消息时，设置“已翻卡牌编号”的值为空，播放“没选中”声音，并且将造型切换为“没选中”，显示角色1秒后，隐藏信息。

（2）第2个角色：卡牌1。

该角色有两个造型，“正面”造型是扣着的，“反面”造型是翻开的。从声音库中选择“啵”作为配对成功的声音。

这个角色有3段脚本，具体内容如下。

第1段　当接收到“排列卡牌”消息时，设置“卡牌1”角色的坐标。首先要显示角色，然后将造型切换为“正面”，也就是扣着的状态。

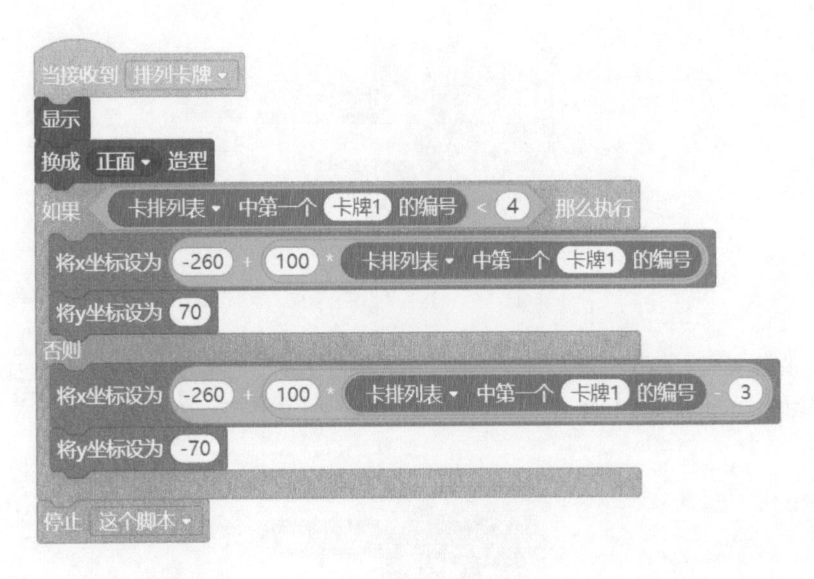

判断“卡牌列表中的第一个卡牌1的编号”是否小于4，如果小于4，表示在第1行，那么它的y坐标为70；否则，表示该角色应该放在第2行，那么它的y坐标为-70。如果“卡牌列表中的第一个卡牌1的编号”的值小于4，那么x坐标对应的就是 -260 + 100 * 卡排列表 中第一个 卡牌1 的编号，否则x坐标对应的就是 -260 + 100 * 卡排列表 中第一个 卡牌1 的编号 - 3。

设置好该角色的位置后，会停止运行当前脚本，不再继续比较“卡牌列表”中的其他项目。

第2段　当单击角色时，比较卡牌。如果变量“第几次翻牌”等于“2”并且变量“已翻卡牌编号”等于字符串“卡牌1”，表示是第2次翻牌而且翻的是同一张牌，那么就没有必要进行比较，所以直接停止“这个脚本”，不再执行下面的内容。否则，将卡牌造型切换为“反面”造型，也就是翻开状态。在等待0.5秒后，再将造型切换回“正面”造型，也就是切换到扣着的状态。这样做的目的是让玩家能够看到卡牌的内容。接下来，如果满足条件 变量 第几次翻牌 = 1，则将变量“已翻卡牌编号”设置为字符串“卡牌1”，将变量“第几次翻牌”设置为“2”。否则要判断 变量 已翻卡牌编号 = 卡牌2，如果条件成立，表示匹配成功，广播“第一对正确”消息，并将变量“猜对次数”加“1”；如果条件不成立，表示没有匹配成功，则广播“错误”消息，并将变量“第几次翻牌”重新设置为“1”。

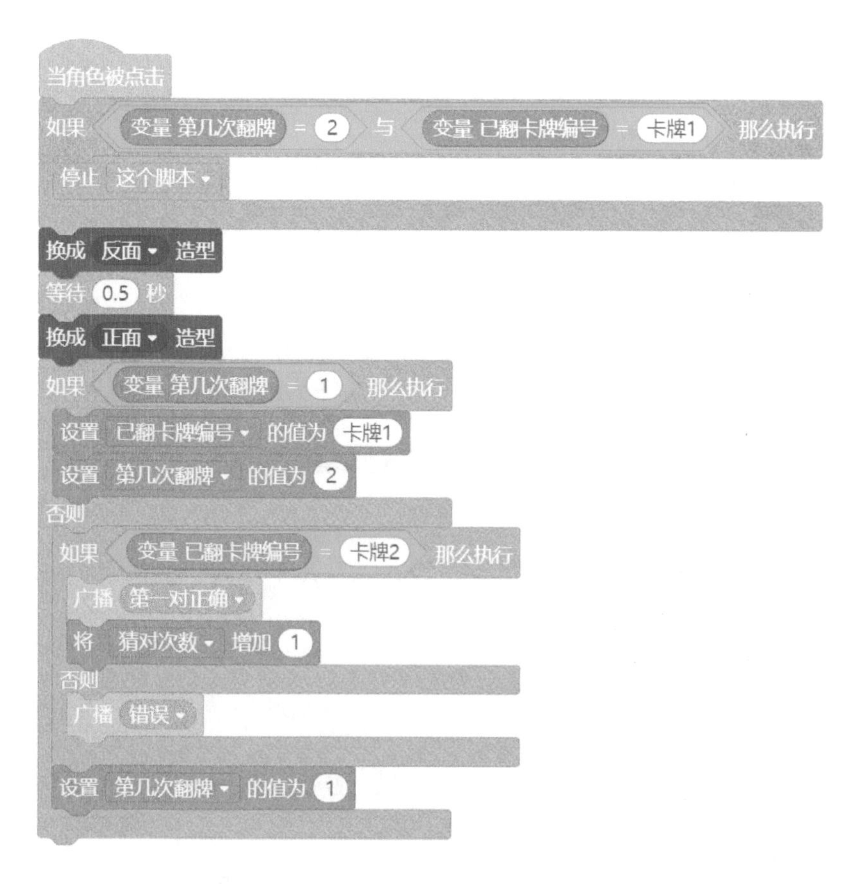

第3段 当接收到“第一对正确”消息时，将角色切换为翻开状态0.5秒，表示配对成功，隐藏角色。

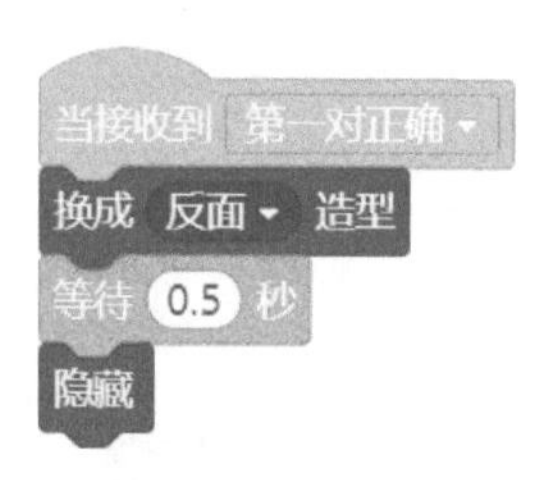

（3）第3个角色：卡牌2。

这个角色的脚本和卡牌1的基本一致，这里着重把有差异的地方介绍一下。

第1段 设置卡牌2的摆放位置。注意，这里比较的是字串符“卡牌2”。

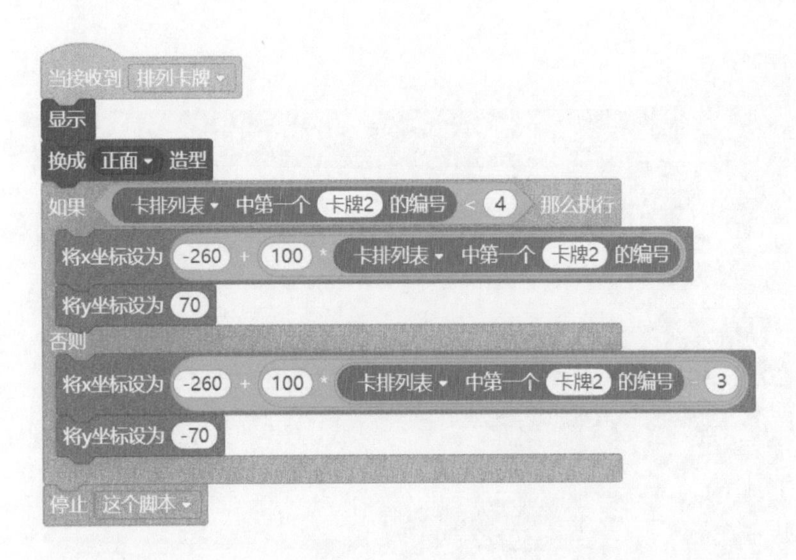

第2段　单击角色，比较卡牌。注意，第一次翻牌要将变量“已翻卡牌编号”设置为“卡牌2”。做卡牌对比的时候，这里要将变量“已翻卡牌编号”和字符串“卡牌1”进行比较。

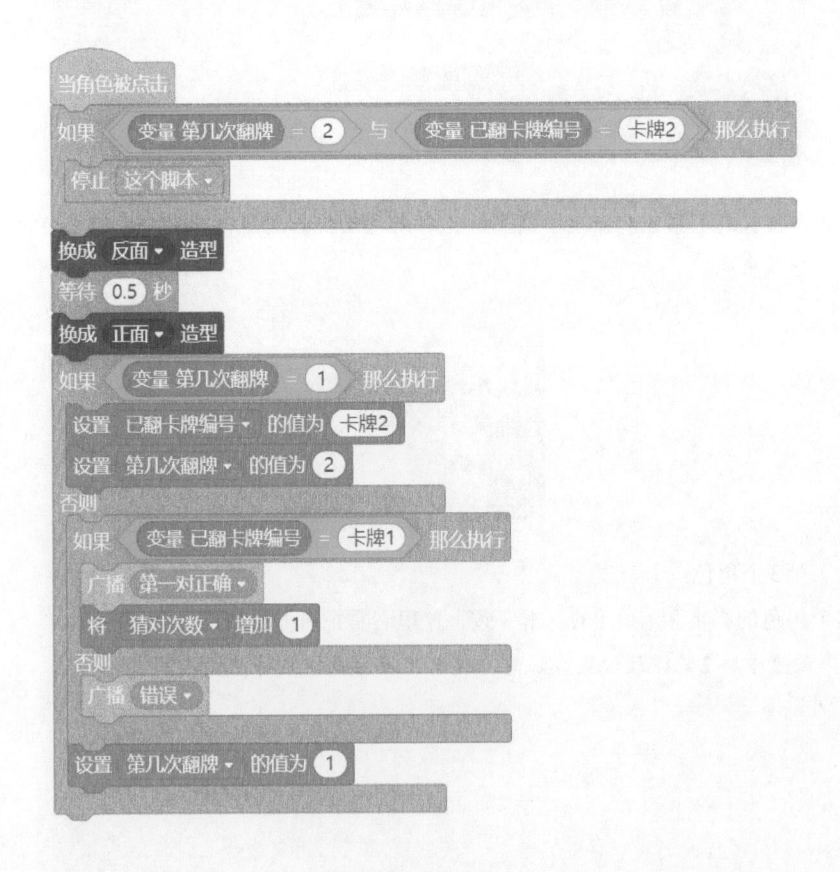

第3段　接收到“第一对正确”消息时，将角色切换为翻开状态0.5秒，表示配对成功，隐藏角色。

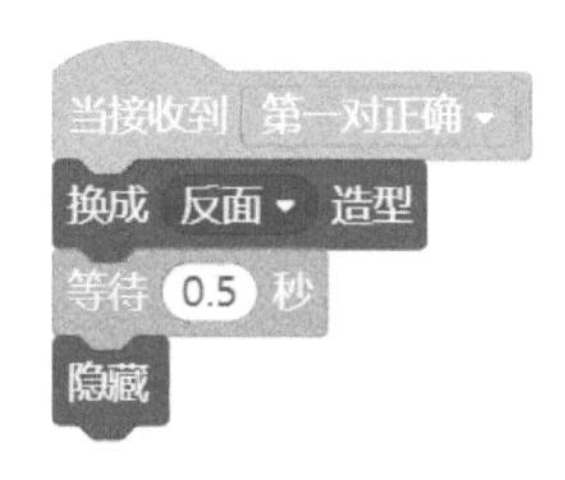

之后的卡牌3到卡牌6，基本与卡牌1和卡牌2的脚本一致，只是摆放的位置、比对卡牌的内容有所不同，这里不再赘述。读者可以仿照上文的程序进行编写。

至此，“幸运小纸牌”游戏编写完成，来试玩一下吧！

第4章

初级程序设计之二

在第3章学习了4个简单游戏的设计，想必读者已经对Mind+的操作比较熟悉了，也在制作过程中体验了用Mind+制作游戏的乐趣。

本章继续介绍4个比较简单的小程序的设计，它们是“美丽大森林”“陨石大作战”“节日贺卡”和“生日聚会”。

4.1 美丽大森林

“美丽大森林”是一款很简单的游戏。使用方向键来移动蛇，去追逐兔子，而兔子碰到蛇后会迅速转身逃跑，还有两只小鸟在森林中飞翔。

一、背景

选择背景库中的“Forest”作为游戏的背景。

二、角色

游戏一共有4个角色，分别是蛇、兔子（Hare）、犀鸟1和犀鸟2。在添加角色的时候需要将造型调整为合适的大小。

分别来看一下各个角色及其脚本。

（1）第1个角色：蛇。

这是角色库中的蛇角色，它原本有3个造型，本游戏只保留两个造型，分别为“蛇-a”和“蛇-b”。

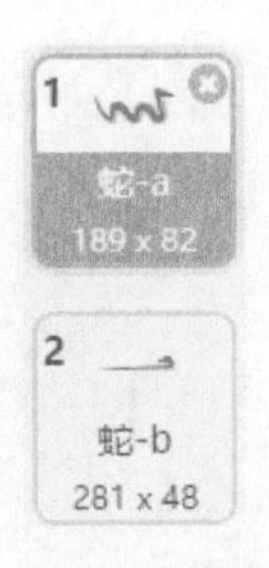

通过方向键来控制蛇角色的移动，共有5段脚本，其中4段脚本分别控制4个方向键，1段脚本控制蛇的旋转方式。

第1段　按→键，角色会面向“90°”方向，更换造型为“蛇-b”，将x坐标增加“10”，表示向右移动，并且等待“0.1”秒后，切换回原有造型“蛇-a”。

第2段 按←键，角色会面向“-90°”方向，会更换造型为“蛇-b”，将x坐标增加“-10”，表示向左移动，并且等待“0.1”秒后，切换回原有造型“蛇-a”。

第3段 按↑键，角色会面向“0°”方向，会更换造型为“蛇-b”，将y坐标增加“10”，表示向上移动，并且等待“0.1”秒后，切换回原有造型“蛇-a”。

第4段 按↓键，角色会面向“180°”方向，会更换造型为“蛇-b”，将y坐标增加“-10”，表示向下移动，并且等待“0.1”秒后，切换回原有造型“蛇-a”。

第5段　单击绿旗后，让蛇位于x坐标为“−32”、y坐标为“−85”的位置，将旋转方式设为“左右翻转”，这样在蛇移动的时候就不会头朝下、肚子朝上了。然后进入循环执行的脚本：如果y坐标大于“−15”，就将y坐标设为“−15”，这样蛇就不会“跑到天上”了。

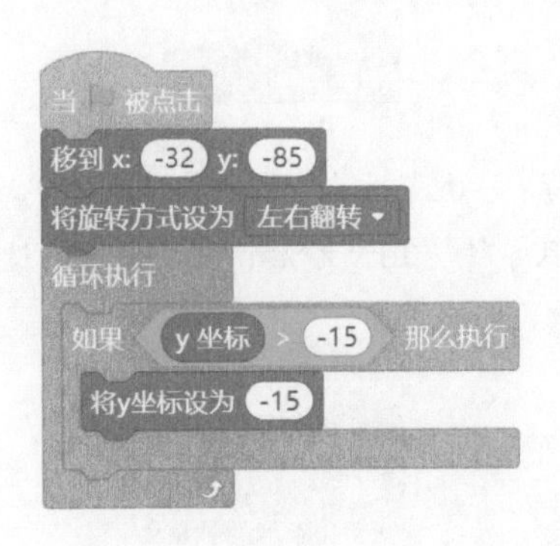

（2）第2个角色：兔子。

这是角色库中的兔子角色。在角色库中有两种兔子角色，我们选择角色名称为“Hare”的角色，它有3个造型，分别为“hare-a”“hare-b”“hare-c”。

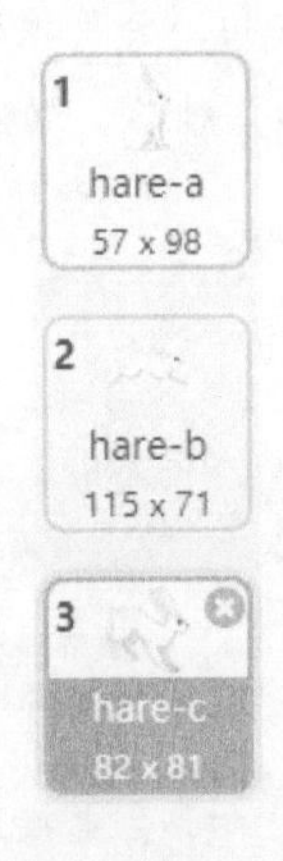

该角色有4段脚本。

第1段　单击绿旗后，让兔子位于x坐标为“46”、y坐标为“−46”的位置，将旋转方式设为“左右翻转”，让它面向0°～180°中的任意一个方向。然后进入循环执行的脚本：让角色移动“10”步，等待“0.1”秒，如果碰到边缘就反弹。通过这段重复执行的脚本，就可以让兔子在森林中不停地跳，而且当它碰到边缘后，会自动转身继续跳。

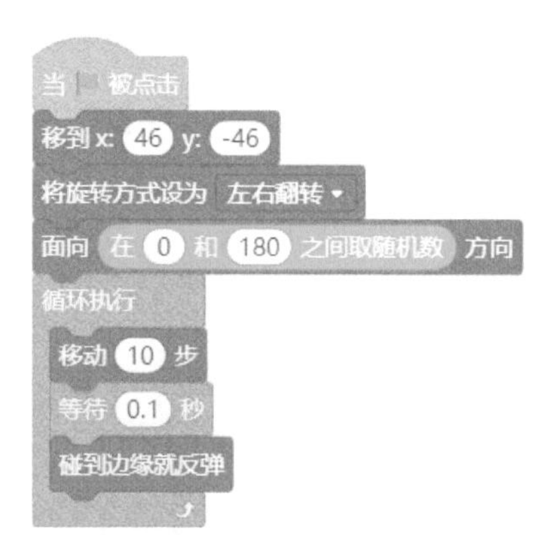

第2段　单击绿旗后，就进入循环执行的脚本：先更换角色造型为“hare-a”，等待“0.1”秒后，切换造型为“hare-b”，再等待“0.1”秒后，切换造型为“hare-c”，最后等待“0.1”秒。通过这段重复执行的脚本，就可以让兔子跳跃。

第3段　单击绿旗后，进入循环执行的脚本：如果检测到兔子碰到蛇，首先会向左转“90°”，表示兔子转身逃跑；然后将x坐标增加“方向”积木，这里的“方向”积木表示兔子的行走方向，如果向右表示“90°”，如果向左表示“−90°”，目的就是让兔子能够迅速远离蛇。通过这段脚本，就可以让兔子碰到蛇后迅速地逃走。

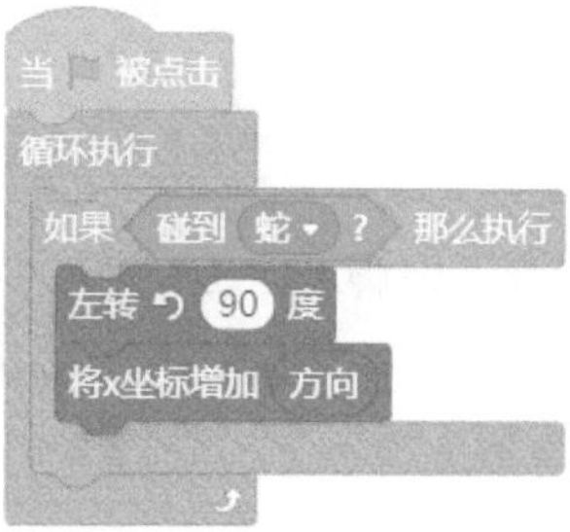

第4段　单击绿旗后，进入循环执行的脚本：如果y坐标大于“0”，就让兔子面向舞台下方任意角度。这样兔子就会往下走，不会“跑到天上”了。

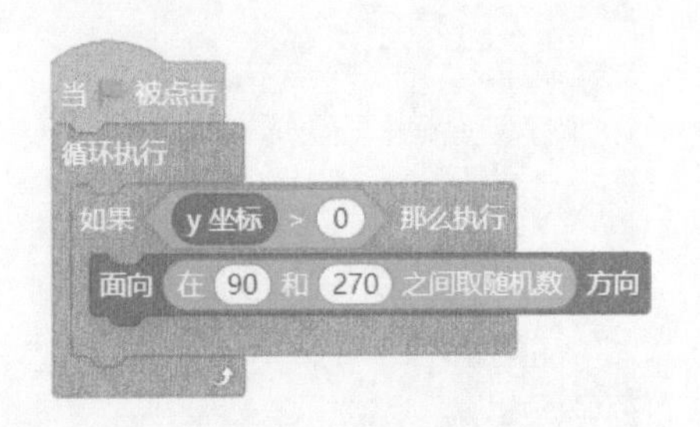

（3）第3个角色：犀鸟1。

这是角色库中的犀鸟角色，它一共有3个造型，我们选择其中的“犀鸟-b”和“犀鸟-c”造型。

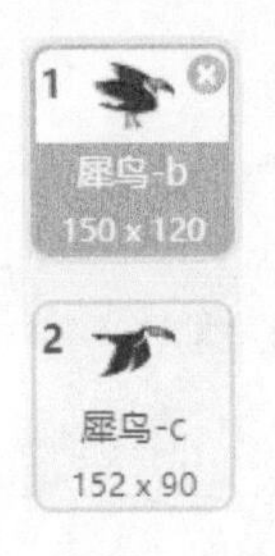

这个角色有两段脚本。

第1段　单击绿旗后，进入循环执行的脚本：更换角色造型为“犀鸟-b”，等待“0.1”秒后，切换造型为“犀鸟-c”，等待“0.1”秒。通过这段重复执行的脚本，就可以让犀鸟挥动翅膀。

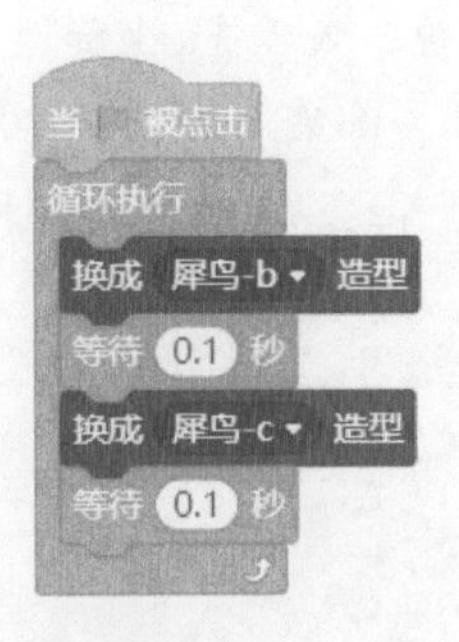

第2段　单击绿旗后，进入循环执行的脚本：让角色在5～9秒取一个随机数，表示时间范围，然后让它滑行到一个随机位置。通过这段脚本，犀鸟就可以在森林中自由地飞翔。

提示：这个积木表示在指定的时间内，让角色滑行到某一个位置。

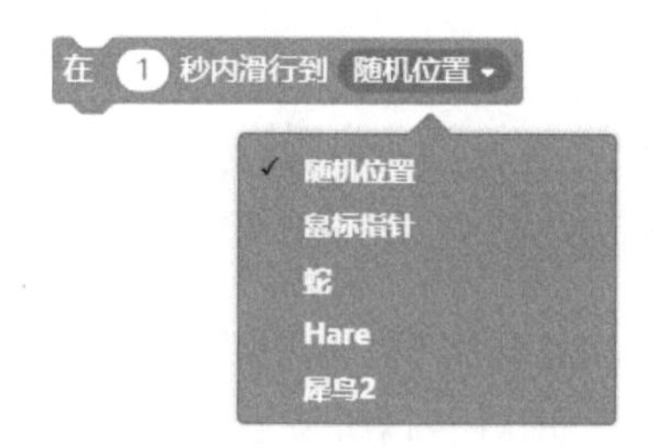

（4）第4个角色：犀鸟2。

这个角色和犀鸟1一样，我们选择其中的“犀鸟-b”和“犀鸟-c”造型。

脚本类似，这里不再赘述。

至此，“美丽大森林”游戏设计完成。

4.2　接星星

Windows系统中曾自带有Pinball（弹珠台）小游戏，受到很多人的喜爱。本节设计一个类似的小游戏“接星星”，通过操控两个桨式挡板，让星星不要落到地球上而伤害地球，如果玩家能控制星星碰到绿色的挡板臂的话，还可以得分。

一、变量

本游戏需要添加6个变量。

- 得分：每次击中挡板臂得10分，会累计增加得分，将该变量的监视器设置为在舞台上显示。

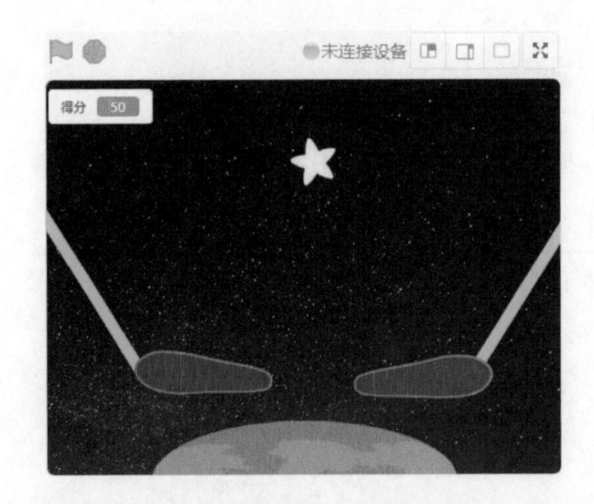

- 星星是否在移动：判断星星是否在移动，是隐藏变量。
- 速度：星星的移动速度，每次碰到桨星星会增加速度，是隐藏变量。
- 是否碰到星星：判断挡板臂和桨是否碰到星星，是隐藏变量。
- 触碰方向：表示挡板臂或桨碰到星星时的方向，是隐藏变量。
- 方向差：星星方向和触碰方向之间的差，用于调整星星的反弹路线，是隐藏变量。

二、背景

从背景库中选择“群星”作为背景。

它只有一个脚本，就是当单击绿旗时，将变量“得分”设置为“0”。

三、角色

这个游戏一共有6个角色，分别是星星、左右两个挡板臂、左右两个桨，还有需要保护的地球。

下面来一一介绍。

（1）第1个角色：左挡板臂。

它有两个造型，一个是正常造型（正常），另一个是碰到星星后的造型（被碰）。从角色库中选择角色“线”，并复制出一个它的造型，将其颜色更改为一个绿色、一个红色。

该角色有一个音效，选择角色库中的“piu”作为该角色碰到星星时发出的声音。

“左挡板臂”角色有一段脚本。

单击绿旗后，将角色大小和声音音量设为合适的值，之后进入循环执行的脚本：首先将造型切换为“正常”，在碰到星星并且变量“星星是否在移动”等于“1”的情况下，会播放声音“piu”，然后将变量“星星是否在移动”设置为“0”；接下来将造型切换为“被碰”，将变量“触碰方向”设置“方向”，“方向”是左挡板臂的方向，变量“触碰方向”在后面用于调整星星的反弹路线；将变量“是否碰到星星”设置为“1”，将变量“得分”增加“10”，将变量“速度”初始值设置为“5”，等待“0.5”秒。

```
当 被点击
将大小设为 80
将音量设为 30 %
循环执行
    换成 正常 造型
    等待直到 <碰到 星星 ?> 与 <变量 星星是否在移动 = 1>
    播放声音 piu
    设置 星星是否在移动 的值为 0
    换成 被碰 造型
    设置 触碰方向 的值为 方向
    设置 是否碰到星星 的值为 1
    将 得分 增加 10
    设置 速度 的值为 5
    等待 0.5 秒
```

（2）第2个角色：右挡板臂。

这个角色与左挡板臂的造型、音效和脚本完全一样，这里不再赘述。脚本如下图所示。需要注意的是，脚本中的“方向”是右挡板臂的方向。

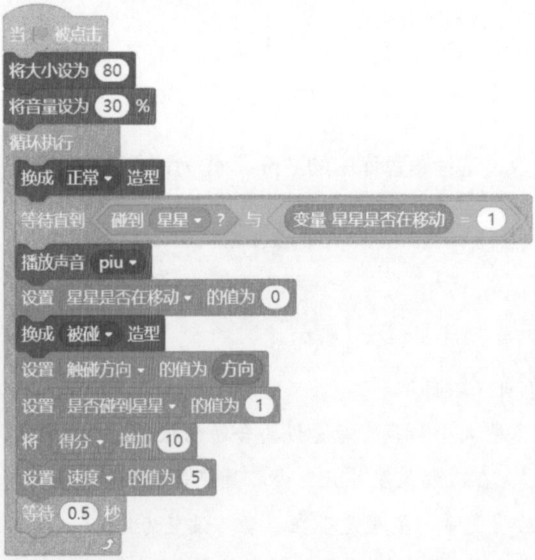

```
当 被点击
将大小设为 80
将音量设为 30 %
循环执行
    换成 正常 造型
    等待直到 <碰到 星星 ?> 与 <变量 星星是否在移动 = 1>
    播放声音 piu
    设置 星星是否在移动 的值为 0
    换成 被碰 造型
    设置 触碰方向 的值为 方向
    设置 是否碰到星星 的值为 1
    将 得分 增加 10
    设置 速度 的值为 5
    等待 0.5 秒
```

（3）第3个角色：左桨。

角色的造型如下页图所示。注意调整角色的中心点，让桨能绕着粗端旋转。

角色的音效为声音库中的“叮”，表示角色触碰到星星。

这个角色有两段脚本。

第1段 当单击绿旗时，如果按←键，左桨向左旋转；否则，复原。

第2段 当单击绿旗时，检测在碰到星星并且变量“星星是否在移动”等于“1”时，播放声音“叮”，设置相关变量。

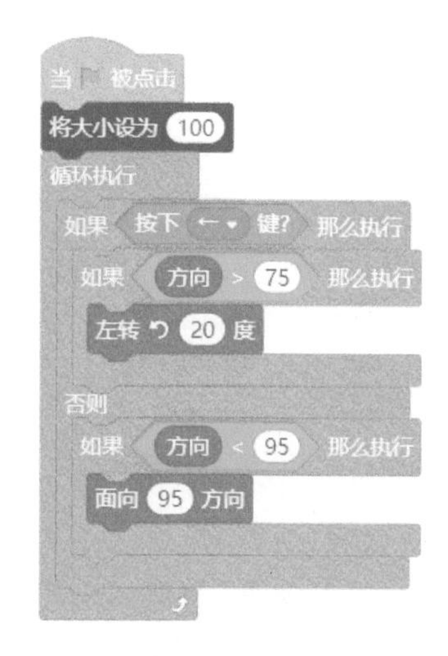

将音量设置为合适的值。如果碰到角色“星星”，并且变量“星星是否在移动”等于“1”，那么播放音效，将变量“星星是否在移动”设置为“0”，将左桨的“方向”赋值给变量“触碰方向”，将变量“是否碰到星星”设置为“1”，变量“速度”加“1”，等待“0.15”秒。

当 被点击
将音量设为 100 %
循环执行
等待直到 碰到 星星 ? 与 变量 星星是否在移动 = 1
播放声音 叮
设置 星星是否在移动 的值为 0
设置 触碰方向 的值为 方向
设置 是否碰到星星 的值为 1
将 速度 增加 1
等待 0.15 秒

（4）第4个角色：右桨。

角色的造型如下页图所示。

1
右桨
130 x 40

音效同样为声音库中的“叮”，表示角色触碰到星星。

这个角色有两段脚本。

第1段　当单击绿旗时，如果按→键，右桨向右旋转；否则，复原。

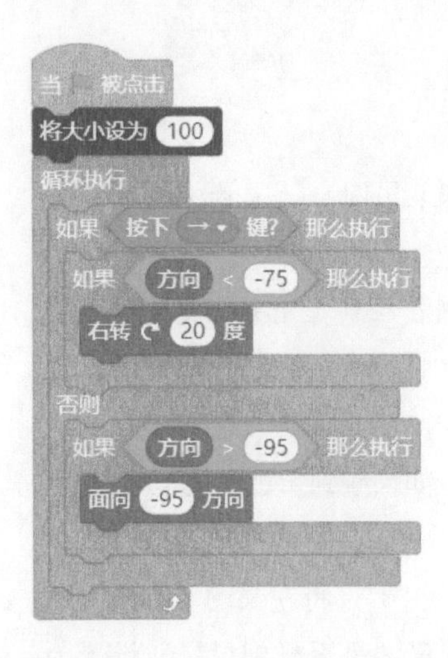

第2段　当单击绿旗时，检测在碰到星星并且变量“星星是否在移动”等于“1”时，播放声音“叮”，设置相关变量。需要注意的是，脚本中的“方向”是右桨的方向。

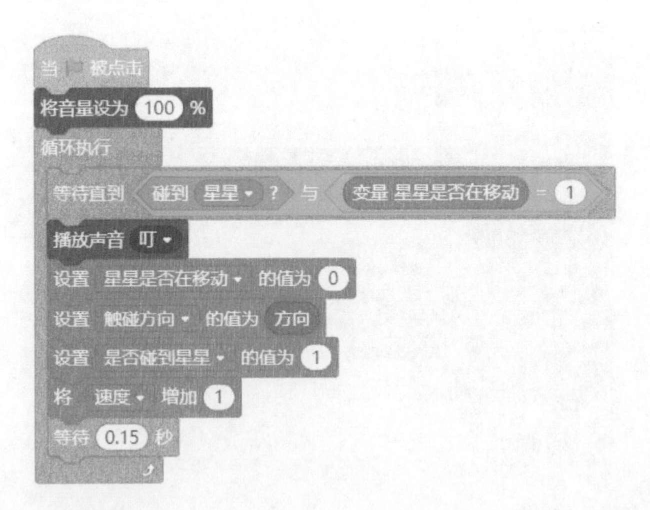

（5）第5个角色：星星。

从角色库中选择“星星”角色，如下页图所示。

这个角色有两段脚本。

第1段 当单击绿旗时，将星星移动到一个特定位置，面向随机指定的方向，移至舞台最前面。

第2段 设置星星的移动路径。

将变量“星星是否在移动”设置为“1”，将变量“是否碰到星星”设置为“0”，变量“速度”设置为“5”，然后开始一段循环执行的脚本：当变量“星星是否在移动”不等于“0”时，角色移动，并且碰到边缘就反弹；当变量“星星是否在移动”等于“0”时，调整星星的方向。

当变量“是否碰到星星”为“1”时，表示星星碰到了挡板臂或桨，调整方向；并且将变量“星星是否在移动”设置为“1”，将变量“是否碰到星星”设置为“0”。

（6）第6个角色：地球。

当星星碰到地球，这局游戏就结束了。

从角色库中添加“地球”角色。

将造型调整到合适的大小，如下图所示。

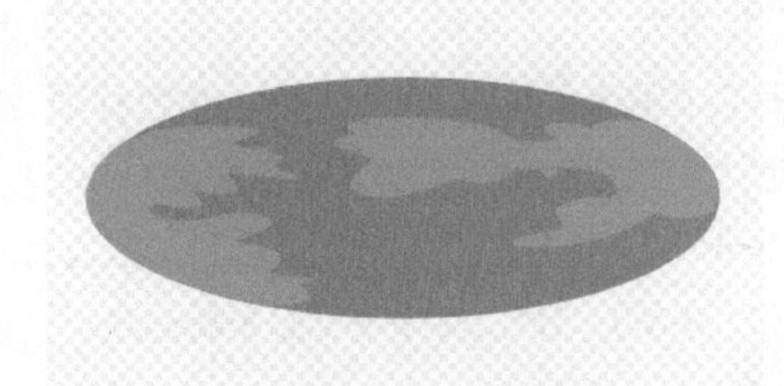

为这个角色增加一个音效，选择声音库中的“咚咚当”，当碰到星星后，会播放该声音。

这个角色有两段脚本。

第1段　当单击绿旗时，一直检测是否碰到星星，当碰到星星，将变量“星星是否在移动”设置为“0”，播放声音“咚咚当”，广播“游戏结束”消息。

```
当 被点击
等待 1 秒
循环执行
    等待直到 碰到 星星 ?
    设置 星星是否在移动 的值为 0
    播放声音 咚咚当 等待播完
    广播 游戏结束
```

第2段　当接收到“游戏结束”消息时，停止全部脚本。

至此，该游戏编写完毕。

4.3　节日贺卡

过节的时候，我们经常会收到各种贺卡。本节就来制作一个能够自动循环播放文字或图片的节日贺卡。

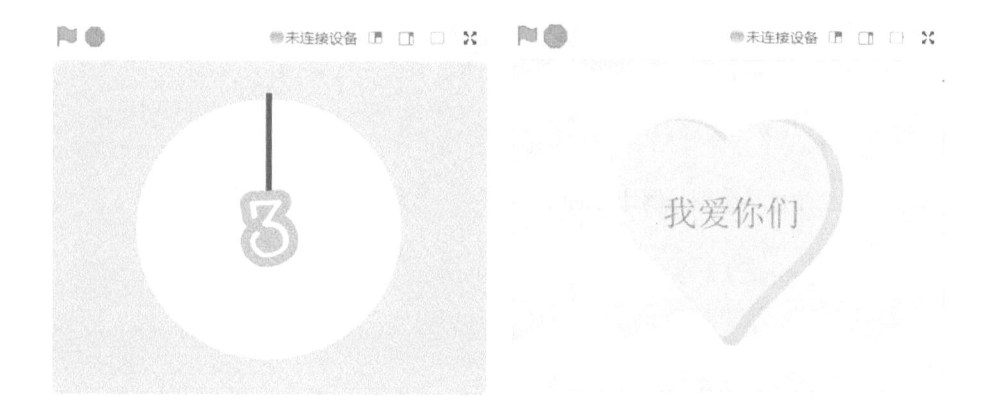

一、变量

倒计时：用于倒数计时，是隐藏变量。

二、背景

本贺卡有两个背景图。从背景库中选择“聚光灯”作为倒计时背景，选择“条纹”作为展示时的背景，更改为合适的背景名，方便引用。

从音乐库中选择“木琴3”作为背景音乐，将速度调慢一点，氛围会更温馨。

背景只有一段脚本。

当单击绿旗时，将背景切换为“倒计时”，然后播放背景音乐“木琴3”，当音乐结束后停止全部脚本。

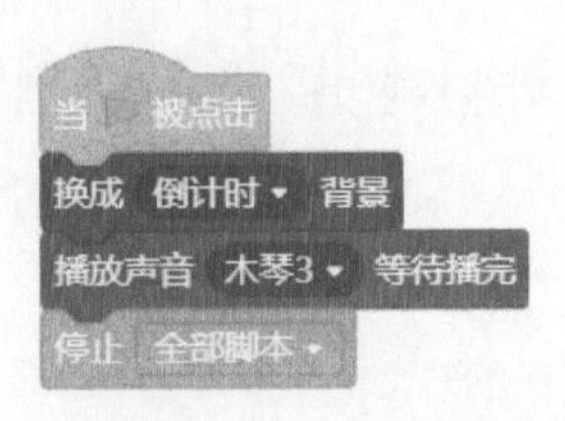

三、角色

一共有3个角色，分别是倒计时的时针和数字，还有展示的贺卡。

（1）第1个角色：时针。

选择角色库中的“线”，调整为合适的大小，造型如下图所示。

该角色只有一段脚本。

当单击绿旗时，调整角色的方向，显示角色，然后让时针以顺时针方向旋转。当时针转3圈后，隐藏角色，广播“展示贺卡”消息。

首先让时针面向“0°”方向，显示角色。设置变量“倒计时”为“3”，这里对应倒数数字“3”，用于倒计时。为了表现出时针旋转一圈360°的效果，我们让时针右转“10°”，等待“0.03”秒，再继续重复执行，一共是36次，之后将变量“倒计时”增加“−1”。然后重复3次，让时针旋转3圈，同时每次变量“倒计时”都增加“−1”。之后，隐藏角色，广播“展示贺卡”消息。

当 被点击
面向 0 方向
显示
设置 倒计时 的值为 3
重复执行 3 次
重复执行 36 次
右转 10 度
等待 0.03 秒
将 倒计时 增加 -1
隐藏
广播 展示贺卡

（2）第2个角色：数字。

该角色有3个造型，从角色库中选择“辉光-1”“辉光-2”和“辉光-3”作为角色中数字1、数字2、数字3的造型。

数字角色的功能是根据变量“倒计时”的数值来切换对应的造型。当变量“倒计时”等于“1”时，换成“辉光-1”造型，停止当前脚本，不再重复脚本。这样数字角色就会形成“随着时针的旋转而进行倒数”的效果。

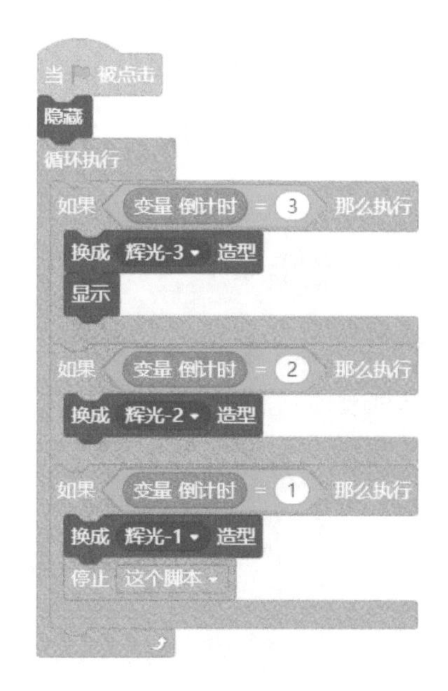

（3）第3个角色：贺卡。

选择角色库的“糖心”，它有4个造型，分别是“heart love”“糖心-b”“糖心-c”和“糖心-d”。在造型中添加想要说的话，也可以选择本地照片、图片作为“贺卡”角色的造型。

这个角色有3段脚本。

第1段　当单击绿旗时，隐藏角色。

第2段　当接收到“展示贺卡”消息时，将背景切换为“展示”。

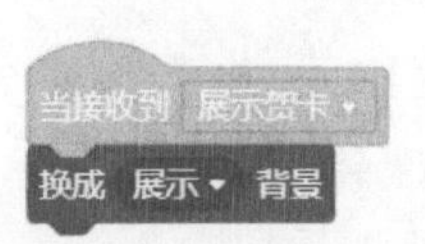

第3段　当接收到“展示贺卡”消息时，将角色造型切换为“糖心 -b”，然后每个造型展示1秒再切换到下一个造型，一直循环下去。

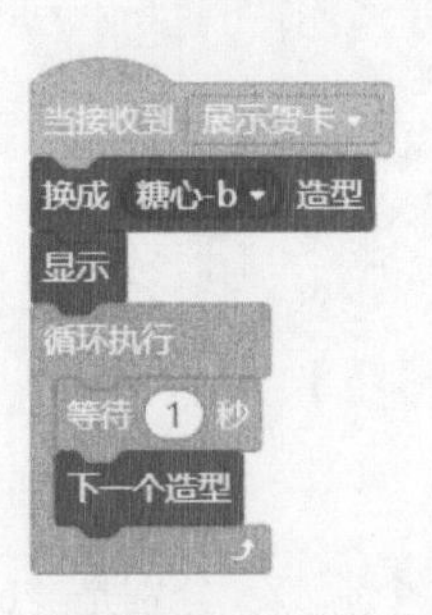

至此，节日贺卡就制作完成了。可以参照这个程序的制作过程，把自己对老师、朋友的感谢也制作成节日贺卡，送给他们。

4.4　生日聚会

本节我们来制作一个用于观赏的生日主题的小动画。彩球会从屋顶落下，蛋糕和礼物会出现在屋子中央。

因为这个动画的制作会用到“克隆”功能，所以读者可以先回看第2章，了解一下克隆的概念，从而更好地理解动画程序。

一、变量

随机数：用于设置彩球的旋转方向，是隐藏变量。

二、背景

从背景库中选择“聚会”作为舞台背景，选择合适的背景颜色，使生日聚会场面更温馨。

三、角色

动画一共有4个角色，分别是蛋糕、礼物1、礼物2和彩球，我们依次来创建各个角色。

（1）第1个角色：彩球。

从角色库中选择“球”，它一共有5个造型，每个造型对应一种颜色。

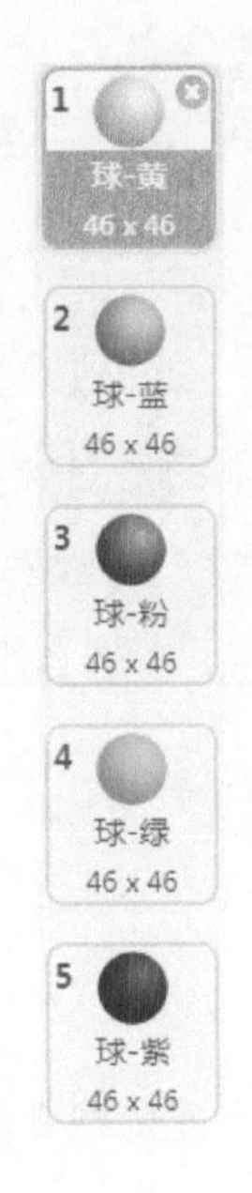

这个角色有3段脚本，分别如下。

第1段　在这段脚本中，会利用克隆功能来创建彩球的克隆体。

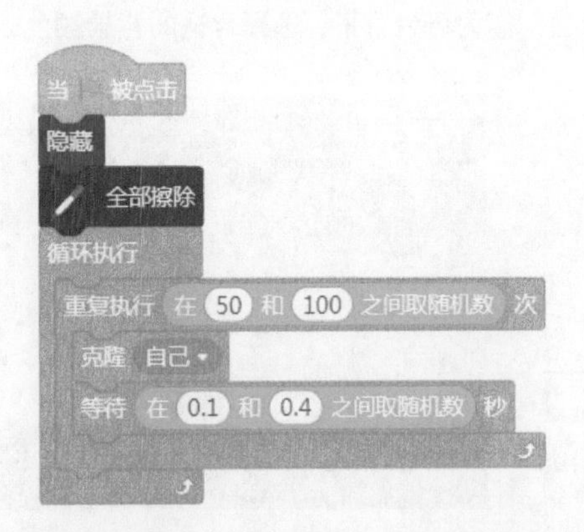

当单击绿旗时，隐藏角色，将画笔全部擦除，然后循环执行下面的脚本。接下来是另一个有限次数的重复执行，循环次数是50～100的一个随机数值。在这个循环中，角色首先会克隆自己，然后等待0.1～0.4秒的一个随机时间，结束本次循环，进入下一次迭代。

第2段　在第1段克隆自己后，会自动执行“当作为克隆体启动时”。我们在这段脚本中设置彩球的显示和运行轨迹。这段脚本有些长，我们来分段介绍一下。

当这个角色的克隆体启动后，首先将变量“随机数”设置为“1”或“2”。造型切换为造型编号1、造型编号2、造型编号3、造型编号4或造型编号5中的一种，也就是分别对应彩球的5种造型。

```
当作为克隆体启动时
设置 随机数 的值为 在 1 和 2 之间取随机数
换成 在 1 和 5 之间取随机数 造型
```

如果造型编号是“1”，将角色大小设置为20～50的一个随机数，移动到x坐标为−235～235，y坐标为80，也就是舞台背景的气球下方的某个随机位置。

接下来是一个有限次数的重复执行，循环次数是100～120的一个随机数值。在这个循环中，角色移到最前面并且显示，如果变量“随机数”等于“1”，那么角色向左转15°，否则角色向右转15°，然后将y坐标增加“−2”，也就是向下移动两个单位。这个循环实现了彩球从屋子上方落下的过程。

循环结束，表示彩球已经落到了地面上，然后盖上图章，画上角色的形状。等待0.1～0.3秒的一个随机时间后，删除克隆体。

```
如果 造型 编号 = 1 那么执行
    将大小设为 在 20 和 50 之间取随机数
    移到 x: 在 -235 和 235 之间取随机数 y: 80
    重复执行 在 100 和 120 之间取随机数 次
        移到最 前面
        显示
        如果 变量 随机数 = 1 那么执行
            左转 ↺ 15 度
        否则
            右转 ↻ 15 度
        将y坐标增加 -2
    图章
    等待 在 0.1 和 0.3 之间取随机数 秒
    删除此克隆体
```

提示：“图章”积木可以把角色当成模板，然后在舞台背景上盖上图章，这样在舞台上就画出一个一模一样的角色。但是，使用图章画出的角色只能显示，不能做任何动作。

如果想要清除图章，可以使用“全部擦除”积木，清除当前舞台画面上所有的画笔痕迹。

如果造型编号是“2”，这段脚本与前面脚本类似，只是等待删除克隆体的时间稍有变化，改为0.1～0.2秒的一个随机时间。

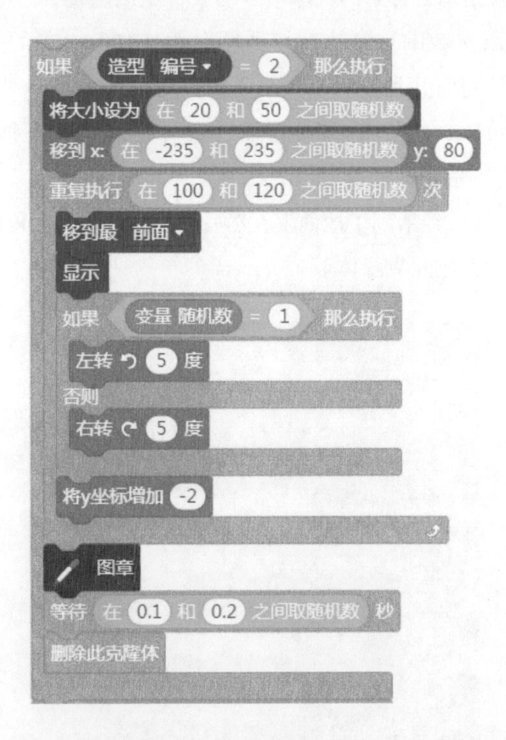

提示：现实生活中，不同彩球的大小和落下的时间间隔是不同的，这里使用随机数的大小和不同的等待时间，效果真实和自然。

如果造型编号是“3”，这段脚本与前面脚本类似，只是等待删除克隆体的时间稍有变化，改为0.2～0.3秒的一个随机时间。

```
如果 <(造型 编号) = 3> 那么执行
  将大小设为 (在 20 和 50 之间取随机数)
  移到 x: (在 -235 和 235 之间取随机数) y: 80
  重复执行 (在 100 和 120 之间取随机数) 次
    移到最 前面
    显示
    如果 <(变量 随机数) = 1> 那么执行
      左转 5 度
    否则
      右转 5 度
    将y坐标增加 -2
  图章
  等待 (在 0.2 和 0.3 之间取随机数) 秒
  删除此克隆体
```

如果造型编号是"4"，这段脚本与前面脚本类似，只是等待删除克隆体的时间稍有变化，改为0.1～0.2秒的一个随机时间。

如果造型编号是“5”，这段脚本与前面脚本类似，只是等待删除克隆体的时间稍有变化，改为0.1～0.3秒的一个随机时间。

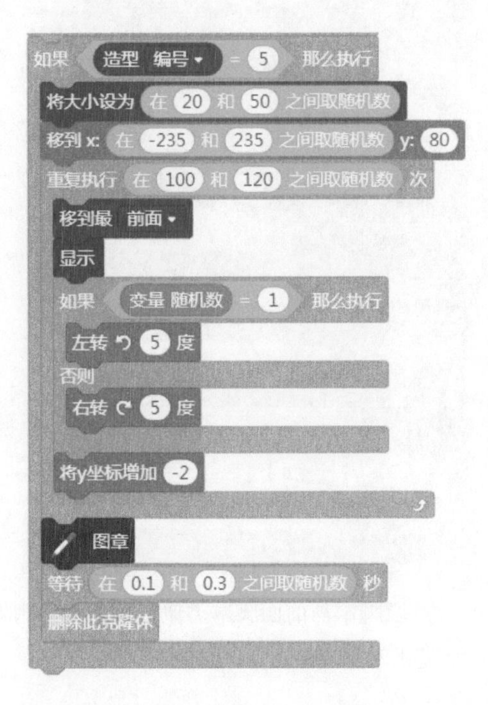

第3段　当总程序运行“10”秒后，广播消息“生日蛋糕”。其他几个角色都是在接收到这个消息后才开始运行。

（2）第2个角色：蛋糕。

从角色库中选择“蛋糕”，它一共有两个造型，我们只使用有蜡烛亮起来的“蛋糕-a”造型。

这个角色有4段脚本。

第1段　当单击绿旗时，循环播放角色自带的“生日歌”，每次播放完等待“0.1”秒。

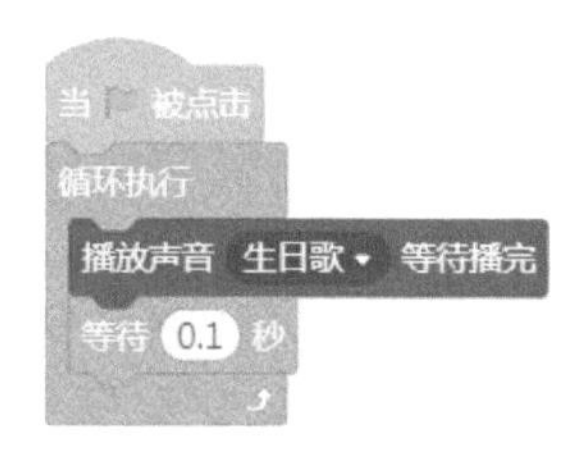

第2段　当单击绿旗时，隐藏角色。

第3段　当接收到“生日蛋糕”消息后，将角色移动到指定位置并显示，然后循环执行下面的脚本：在“1”秒内向下滑动“25”个单位到指定位置，再向上滑动“25”个单位到指定位置，实现蛋糕上下晃动的效果。

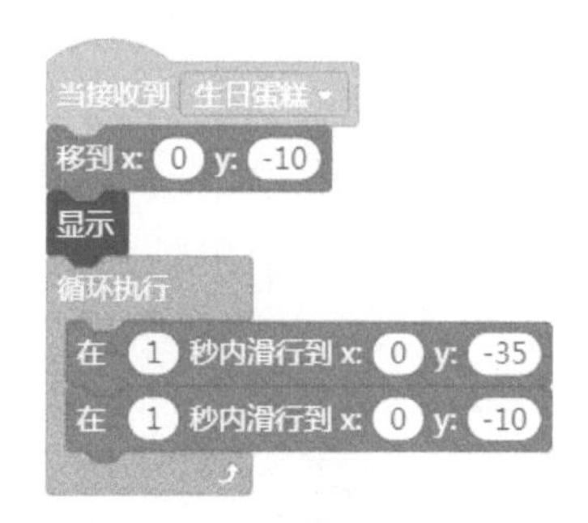

第4段　当总程序运行“15”秒后，广播消息“礼物”。让礼物1和礼物2两个角色开始运行。

（3）第3个角色：礼物1。

我们从角色库中选择“礼物”，它一共有两个造型，我们只使用“礼物-a”造型。

这个角色有两段脚本。

第1段　当单击绿旗时，隐藏角色。

第2段　当接收到“礼物”消息后，将角色移动到指定位置，面向“90°”方向，并显示。重复执行“5”次向右转“5°”，让角色向右倾斜。然后循环执行下面的脚本：重复执行“10”次向左转“5°”，让角色向左倾斜到刚才位置的对称位置，等待“0.1”秒，重复执行“10”次向右转“5°”。这段脚本是实现角色左右晃动的效果。

（4）第4个角色：礼物2。

从角色库中选择“礼物”，它一共有两个造型，我们选择使用“礼物-b”造型。

这个角色的脚本和“礼物1”的脚本类似，这里不再赘述。

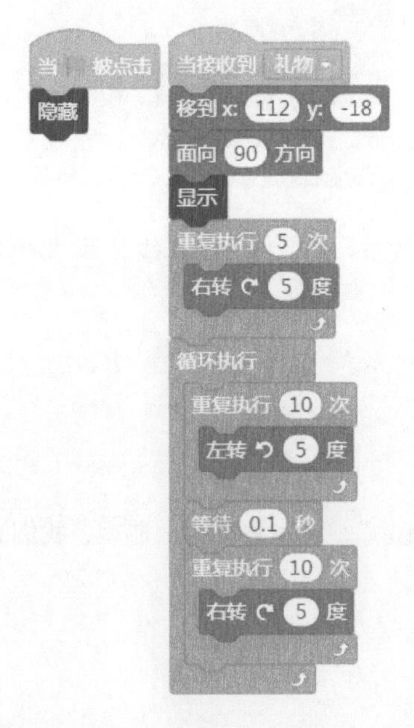

至此，这个动画就设计完了。

第5章

中级程序设计

通过第3章和第4章的学习，我们已经知道了Mind+中各种模块的使用方法。本章来设计几个中级难度的游戏，分别是“快逃，海星”“人机对战‘猜猜我是谁’”“贪吃蛇”和“五子棋”。

5.1　快逃，海星

本节将设计一个“快逃，海星”游戏。在这个游戏中，在海洋中欢快玩耍的海星突然发现天空中飘起了乌云，紧接着一堆火球冲到了海底，我们要用魔法泡泡为这只可怜的海星挡住危险的火球。如果海星被火球打到身上一次，海星的生命数就会减1。当生命数为0，游戏就结束了，游戏得分会在屏幕左上角显示。

一、变量

本游戏需要创建两个变量。

- 生命数：记录海星的生命数，是隐藏变量。
- 分数：由时间决定分数，玩得时间越长，得分越高。游戏结束后，会在舞台上显示这个变量的监视器。

二、背景

从背景库中选择“海底世界1”作为背景，它没有任何脚本。

三、角色

这个游戏一共有9个角色，依次添加各个角色。

（1）第1个角色：开始界面。

为游戏设置一个开始界面。

该角色有两段脚本。

第1段 当单击绿旗时，显示角色。

第2段 当接收到“开始游戏”消息后隐藏角色。这条消息是由“圆形按钮”角色广播的。

（2）第2个角色：圆形按钮。

从角色库中选择“圆形按钮”，并为它增加文字“开始游戏”，作为游戏的开始按钮。

这个角色有两段脚本。

第1段 当单击绿旗时，隐藏变量“得分”，然后将该角色移到最前面，显示角色。

第2段 当单击“圆形按钮”角色时，会广播“开始游戏”消息，并且隐藏角色。

（3）第3个角色：火球。

为火球添加4个造型，通过切换造型来表现火球从天空落下、落在泡泡和落在海星身上的效果。

这个角色有一个从声音库添加的“敲木头”音效，表示火球落在泡泡和海星身上的声音。

这个角色有4段脚本。

第1段 第1段脚本用于生成火球。当接收到“开始游戏”消息后，隐藏角色。下面的脚本将会循环执行：在一次短暂的等待后，重复执行1～3次的一个随机循环，循环体内的两条语句让火球的大小随机改变后再克隆自己。这样就会不断地创造出不同大小的火球。

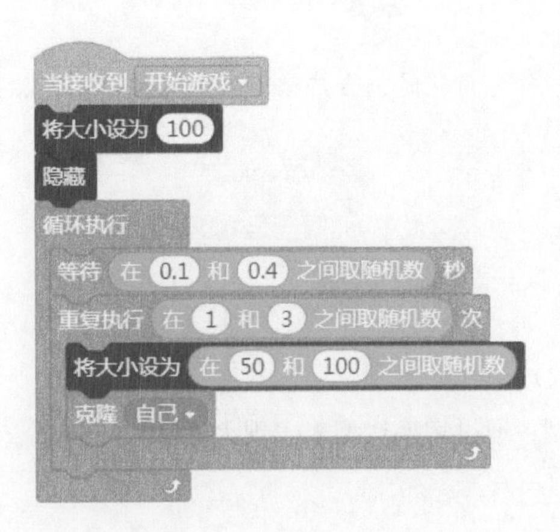

第2段 这是操控火球下落的一段脚本。当角色作为克隆体启动，首先将旋转方式设置为“任意旋转”，然后设置角色克隆体的x坐标为舞台上的任意位置，y坐标为“170”，表示火球从天空顶部的某个位置开始下落。切换造型为“火球1”，并且将角色移到最前面，显示角色。现在我们就可以看到角色的克隆体了。在碰到“海星”“泡泡”“边框”等角色之前，会循环执行如下脚本：将y坐标增加“-10”，即向下移动10个单位，然后按照“x坐标/100-5”的方式来减少x坐标，这样就能使火球落下的轨迹是变化的，即往左下角移动，从而增加游戏难度。同理，如果将x坐标的增加值改为“x坐标/100+5”，火球就会向右下角移动。当循环结束，即碰到上述3个角色（“海星”“泡泡”“边框”）之一，会播放“敲木头”声音，表示火球发生了碰撞。

```
当作为克隆体启动时
将旋转方式设为 任意旋转
将x坐标设为 在 -160 和 160 之间取随机数
将y坐标设为 170
换成 火球1 造型
显示
重复执行直到 碰到 边框 ? 或 碰到 海星 ? 或 碰到 泡泡 ?
    移到最 前面
    将y坐标增加 -10
    将x坐标增加 x坐标 / 100 + -5
播放声音 敲木头
```

第3段 当“火球”角色碰到“海星”“泡泡”“边框”等角色之后会切换造型，然后删除克隆体。

当作为克隆体启动时，不断循环执行以下脚本。

如果碰到“海星”角色，会将“生命数”增加“-1”，即丢失一点生命数；然后换成“火球2”造型，面向“海星”左转“90°”；接下来重复切换两个造型，表示火球碰到海星后的形状变化；最后，删除此克隆体。

如果碰到“泡泡”角色，换成“火球2”造型，面向“泡泡”左转“90°”；然后循环切换两个造型，表示火球碰到泡泡后的形状变化；最后，删除此克隆体。

如果碰到“边框”角色，直接删除此克隆体。

```
当作为克隆体启动时
循环执行
  如果 碰到 海星 ? 那么执行
    将 生命数 增加 -1
    换成 火球2 造型
    面向 海星
    左转 90 度
    重复执行 2 次
      等待 0.01 秒
      下一个造型
    删除此克隆体
  如果 碰到 泡泡 ? 那么执行
    换成 火球2 造型
    面向 泡泡
    左转 90 度
    重复执行 2 次
      等待 0.01 秒
      下一个造型
    删除此克隆体
  如果 碰到 边框 ? 那么执行
    删除此克隆体
```

第4段　当接收到“结束游戏”消息后，删除此克隆体。

（4）第4个角色：乌云。

从角色库中选择“白云”角色的“白云1-c”造型，将颜色调成灰色和深灰色，就变成乌云了。

该角色有4段脚本。

第1段　当单击绿旗时，隐藏角色，循环执行克隆自己。

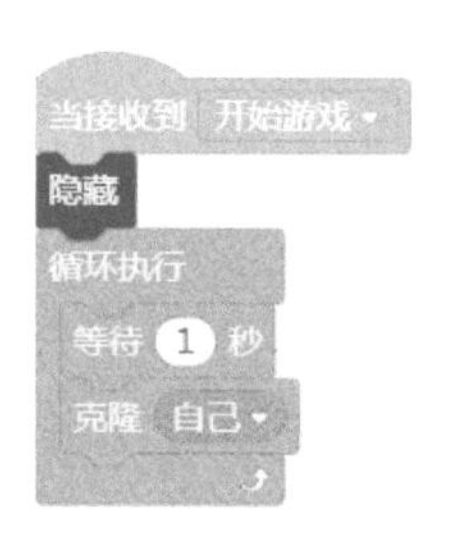

第2段　当作为克隆体启动时，将角色设置为随机大小。将角色移动到x坐标为从−170～100的一个随机数，y坐标为156的位置。然后将虚像特效设定为“100”，显示此克隆体。重复执行“24”次，每次将虚像特效增加“−5”。再重复执行“24”次，每次将虚像特效增加“5”。之后，删除此克隆体。这样就制作出了乌云在上空消失又聚集的效果。

第3段　当作为克隆体启动时，在碰到“边框”角色前循环执行以下脚本：将此克隆体移到最前面，按照“x坐标/100+5”的方式增加x坐标，这表示乌云是移动的；当碰到边框后，删除此克隆体。

第4段　当接收到“结束游戏”消息后，删除此克隆体。

（5）第5个角色：海星。

海星是游戏的主角，从角色库中选择“海星”角色。“海星-b”造型表示火球碰到海星时，海星受惊吓的表现。

这个角色有6段脚本。

第1段　当绿旗被单击时，将角色隐藏。

第2段　当接收到“开始游戏”消息后，将角色大小设置为“30”，将角色移动到y坐标为“-122”，x坐标是-100～100的随机数的位置。切换为“海星-a”造型，然后显示角色。循环执行以下脚本：随机等待一段时间后，广播消息“海星移动”。

```
当接收到 开始游戏
将大小设为 30
移到 x: 在 -100 和 100 之间取随机数 y: -122
换成 海星-a 造型
显示
循环执行
    等待 在 1 和 5 之间取随机数 秒
    广播 海星移动
```

第3段　当接收到“开始游戏”消息后，循环执行以下脚本：如果碰到“火球”角色，切换为“海星-b”造型，等待“1”秒后，再把造型切换回来。

```
当接收到 开始游戏
循环执行
  如果 碰到 火球 ? 那么执行
    换成 海星-b 造型
    等待 1 秒
    换成 海星-a 造型
```

第4段　当接收到“开始游戏”消息后，循环执行以下脚本：如果碰到“火球”角色，就播放声音“尖叫1”。声音从声音库中添加。

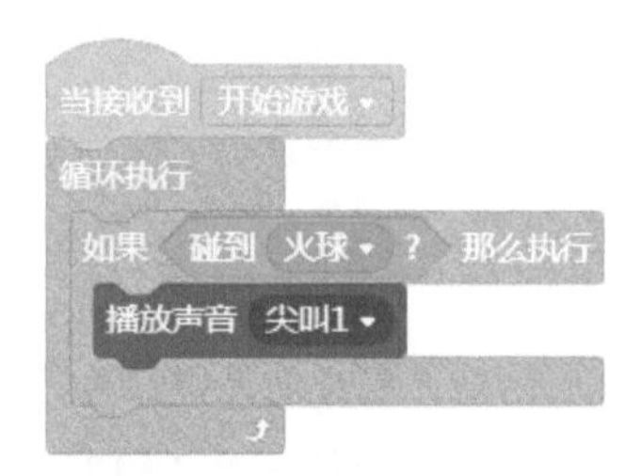

第5段　当接收到“海星移动”消息后，如果角色的x坐标小于“0”，就让角色面向“90°”方向，即头朝右，然后滑行到一个随机位置。如果x坐标大于“0”，就让角色面向“-90°”方向，即头朝左，然后滑行到一个随机位置。海星的这种躲避的不确定性，增加了游戏的难度。

```
当接收到 海星移动
将旋转方式设为 左右翻转
如果 x坐标 < 0 那么执行
  面向 90 方向
  在 1 秒内滑行到 x: x坐标 + 在 150 和 200 之间取随机数 y: -122
否则
  如果 x坐标 > 0 那么执行
    面向 -90 方向
    在 1 秒内滑行到 x: x坐标 + 在 -150 和 -200 之间取随机数 y: -122
```

第6段　当接收到“结束游戏”消息后，停止全部脚本。

当接收到 结束游戏

停止 全部脚本

（6）第6个角色：泡泡。

泡泡的造型是白色的圆圈（在页面上可能看着不太清楚，但在海水场景中显示得很清晰），它的大小正好可以将海星包裹住。

该角色有3段脚本。

第1段　当绿旗被单击时，将角色隐藏。

第2段　当接收到“开始游戏”消息后，将角色大小设为“100”，重复执行以下脚本：让x坐标跟随鼠标的x坐标移动，y坐标设为“−122”。这样泡泡就会随着鼠标进行水平移动。

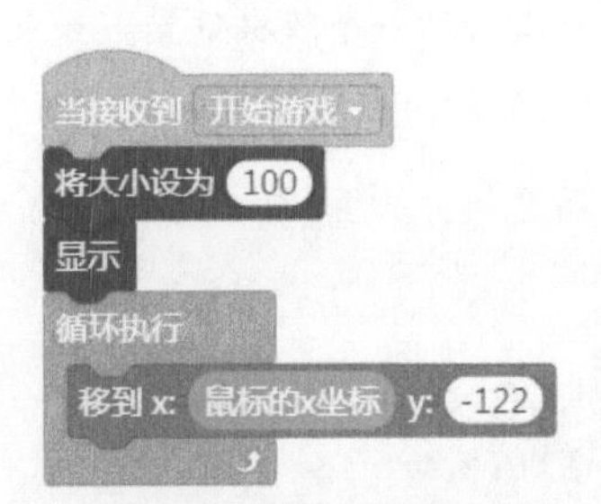

第3段　当接收到“结束游戏”消息后，“泡泡”移动到“海星”角色身边。

（7）第7个角色：边框。

这个角色有一条右边线和一条下边线，表示边框。目的是当“火球”的克隆体碰到这两条线后就删除该克隆体，以及表示乌云已经飘出了舞台。这个角色没有脚本。

（8）第8个角色：生命数。

从角色库中选择“辉光”系列造型中表示0～5的造型添加进一个新的角色中。这个角色是为了提醒玩家还有多少生命数，造型就是对应的数值。

这个角色有4段脚本。

第1段　当绿旗被单击时，将角色隐藏。

第2段　当接收到“开始游戏”消息后，将变量“分数”和“生命数”隐藏。然后将变量“生命数”设置为“5”，将角色造型切换为数字“5”，表示目前有“5”条命。循环执行以下脚本：当变量“生命数”改变的时候，将造型切换为对应数字。

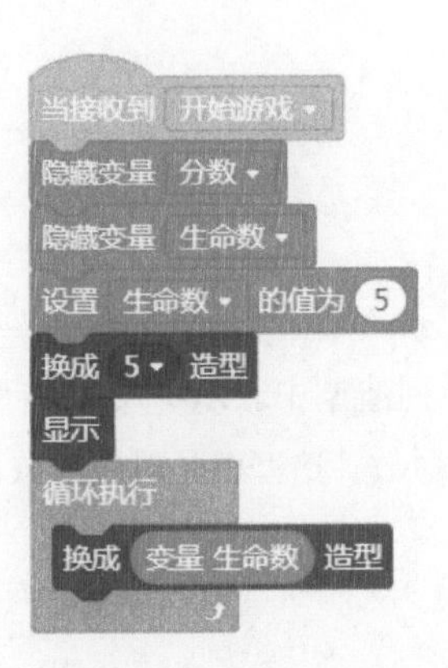

第3段　当接收到“开始游戏”消息后，循环执行以下脚本：每等待“1”秒，将变量“分数”增加“1”。这样玩家坚持的时间越久，得分越高。

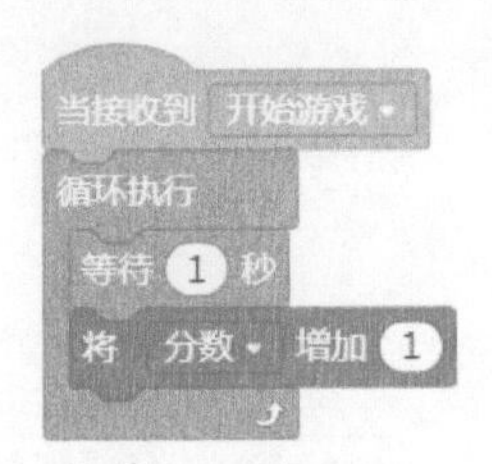

第4段　当接收到“开始游戏”消息后，循环执行以下脚本：如果变量“生命数”等于“0”，就在舞台上显示变量“分数”的监视器，广播“结束游戏”消息。

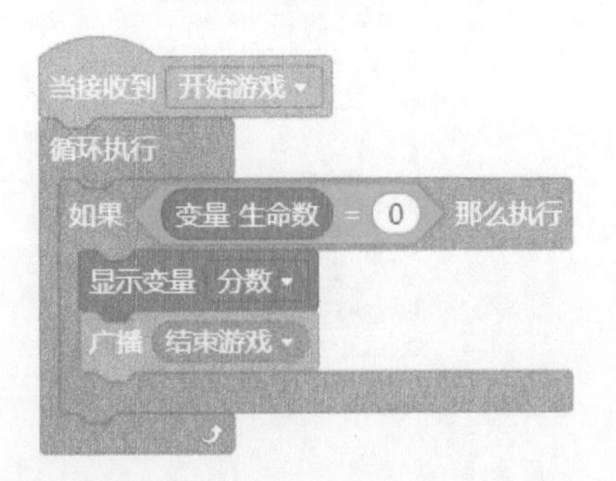

（9）第9个角色：结束语。

新建一个角色，添加文字“得分在左上角，下次继续努力！”，左右还有两只海星作为装饰。

该角色有两段脚本。

第1段 当绿旗被单击时，将角色隐藏。

第2段 当接收到“结束游戏”消息后，角色移动到最前面，显示角色。

游戏到这里就编写完成了，现在就开始游戏，来保护海星吧！

5.2 人机对战“猜猜我是谁”

想必大家一定很熟悉“石头剪刀布”游戏。本节我们仿照它来制作“猜猜我是谁”人机对战游戏。游戏规则是这样的：女巫会伤害公主，所以女巫赢；公主会找精灵帮忙，所以公主赢；精灵能打破女巫的魔咒，所以精灵赢。在这个游戏中，我们采用人机对战的方式，作为玩家，从下方的3种人物中做出选择，然后和电脑随机选取的人物进行比赛，看看谁能获胜。

在这个游戏中，我们会设置玩家、电脑、公主、女巫和精灵5个角色。首先来看看4个变量。

一、变量

本游戏创建了4个变量。

- 玩家的选择：记录玩家做出的选择。如果选择精灵，将该变量设置为1；如果选择公主，将该变量设置为2；如果选择女巫，将该变量设置为3。均为隐藏变量。
- 电脑的选择：记录电脑做出的选择，它是1～3的一个随机值，是隐藏变量。
- 玩家赢：记录玩家赢了几局，在舞台上显示这个变量的监视器。
- 电脑赢：记录电脑赢了几局，在舞台上显示这个变量的监视器。

二、背景

背景有4个造型，分别是有游戏介绍的游戏界面、玩家赢、电脑赢和平局。

从声音库中选择3个声音，用“欢呼”表示玩家赢，用“失败”表示电脑赢，用“裁判哨”表示平局。

接下来介绍背景的脚本。

第1段　当单击绿旗时，初始化变量“玩家赢”和“电脑赢”为“0”，并且广播消息“开始一轮游戏”。

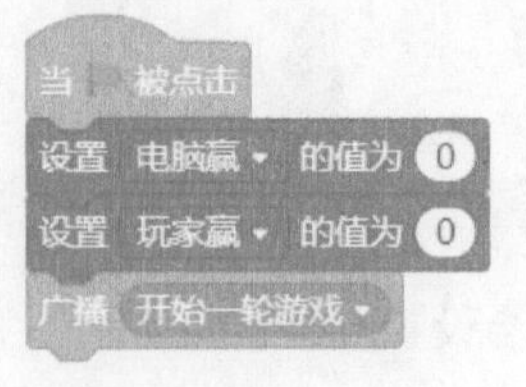

第2段　当接收到消息“开始一轮游戏”时，切换背景为“游戏界面”。

第3段　当接收到消息“电脑赢”时，切换相应的背景并播放对应的音效，广播“开始一轮游戏”消息，将变量“电脑赢”增加“1”。

第4段　当接收到消息“玩家赢”时，切换相应的背景并播放对应的音效，广播“开始一轮游戏”消息，将变量“玩家赢”增加“1”。

第5段　当接收到消息“平局”时，切换相应的背景并播放对应的音效，广播“开始一轮游戏”消息。

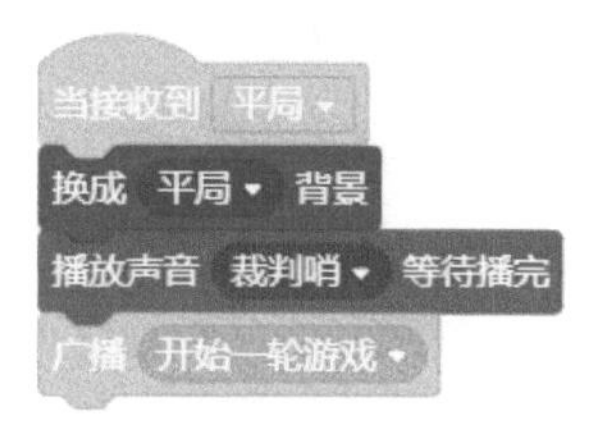

三、角色

这个游戏一共有5个角色，所用的造型都是从角色库中添加的。

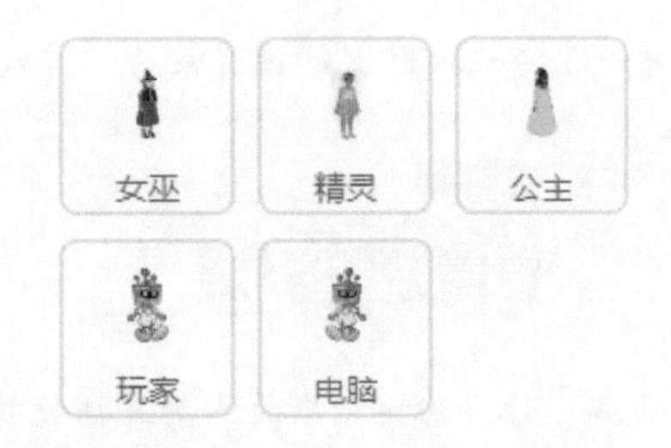

（1）第1个角色：女巫。

从角色库中选择“女巫”，并只保留“女巫-a”造型。

该角色有4段脚本。

第1段　当接收到消息“开始一轮游戏”时，显示角色。

第2段　当单击角色时，广播消息“女巫”，广播消息“玩家选择结束”，隐藏角色。

第3段　当接收到消息“精灵”时，隐藏角色。

第4段　当接收到消息“公主”时，隐藏角色。

（2）第2个角色：精灵。

从角色库中选择“精灵”，并只保留“精灵 -a”造型。

精灵角色的脚本和女巫类似，只不过单击角色时，广播的消息是“精灵”。

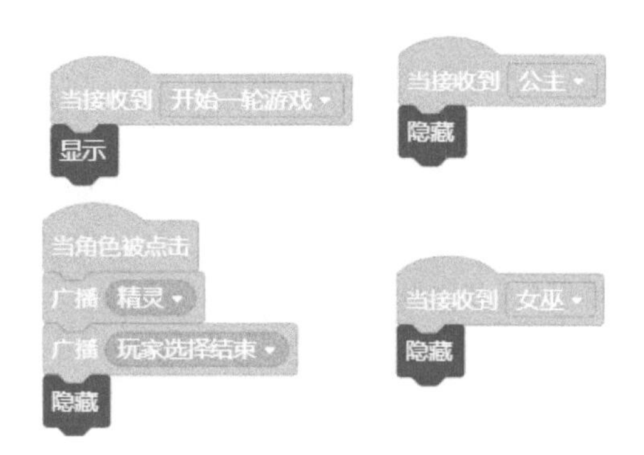

（3）第3个角色：公主。

从角色库中选择“公主”，并只保留“公主 -a”造型。

公主角色的脚本和女巫类似，只不过单击角色时广播的消息是“公主”。

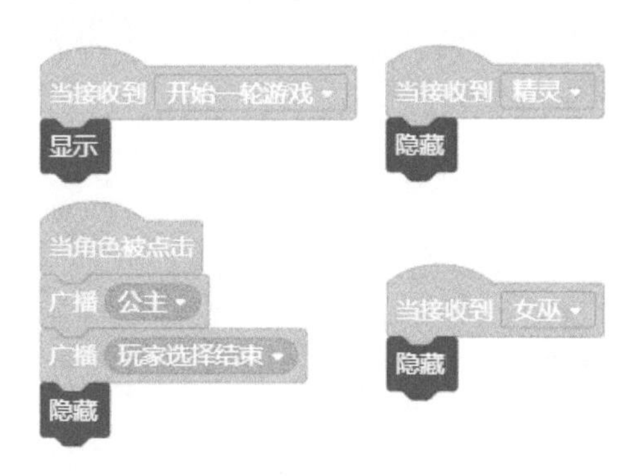

（4）第4个角色：玩家。

玩家有4个造型，分别是从角色库中选择的“Mind+old”造型、“公主 -a”造型、“女巫 -a”造型和“精灵 -a”造型。

该角色有7段脚本。

第1段　自定义一个函数，将其命名为“准备动作”，它的作用是让角色左右摆动，表示电脑正在等待玩家的选择。

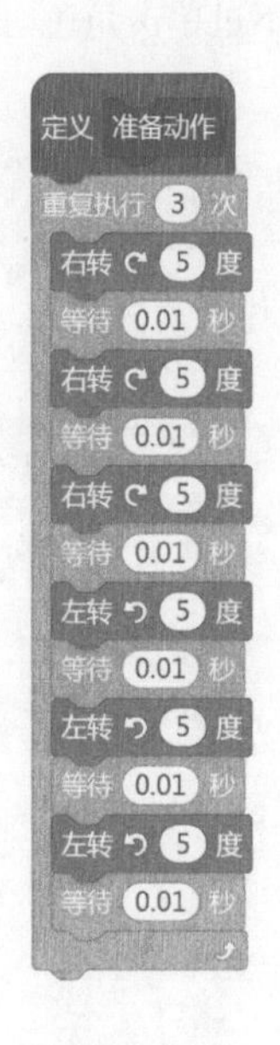

提示：可以创建函数，单击“函数”分类中的“自定义”按钮，会出现如下对话框。

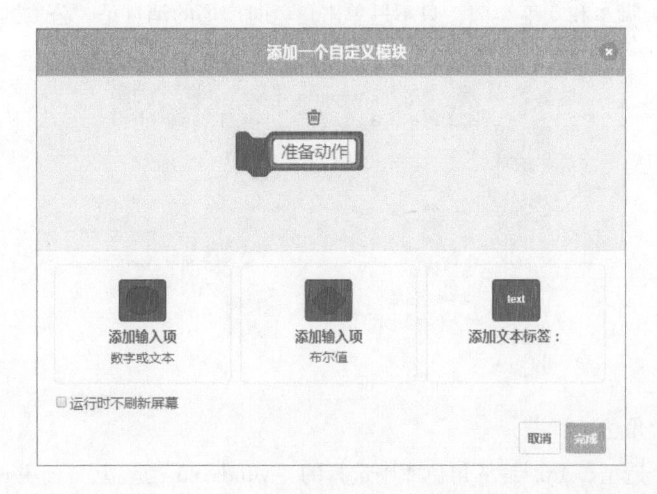

单击上方模块中的空白框来修改它的名字，这里给它命名为“准备动作”。当单击

“完成”按钮的时候，新的模块会出现在“函数”分类中。

这个函数还会出现在脚本中。可以定义这个函数的功能，如让角色移动。

还可以创建带有参数的函数。同样，先要单击“自定义模块”按钮，给这个新的函数取名为“显示”。要创建参数，单击对话框中的“添加输入项”按钮，然后选择要添加的参数类型，可以添加多个输入参数。例如，这里添加了一个文本参数“文本”和一个数字参数“时长”，最后单击“添加文本标签”按钮，添加一个文本标签“分钟”。

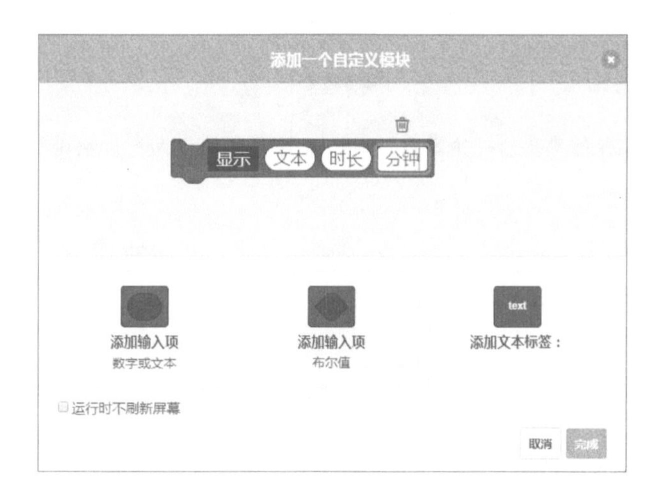

函数的输入参数是数字或文本，会显示为椭圆形的积木。接下来就要编写这个“显示”函数的脚本了。在编写函数的脚本时，如果脚本中要使用输入参数，可以拖动这些表示参数的积木，把它们的副本放到脚本区指定的位置。如下图所示，“说文本时长*60秒”函数中的框，分别被“文本”和“时长”两个参数所代替，这样就完成了函数“显示”的定义。

定义好函数之后，可以调用这个“显示”函数了，它有两个输入参数，一个是文本“我调用了函数。”，另一个是数字“3”。调用它的示例和执行后的效果如下图所示。

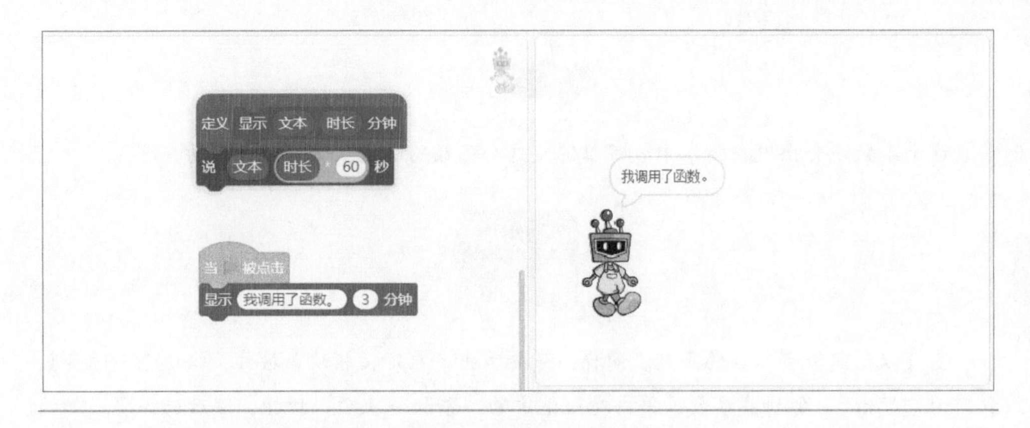

第2段 当单击绿旗时，调用函数“准备动作”，让角色左右摆动。

第3段 当接收到消息“开始一轮游戏”时，旋转角色的方向，切换造型为“Mind+old”，显示角色。

第4段 当接收到消息“精灵”时，调用函数“准备动作”，旋转角色的方向，切换造型为“精灵-a”，将变量“玩家的选择”设置为“1”，等待“1”秒。

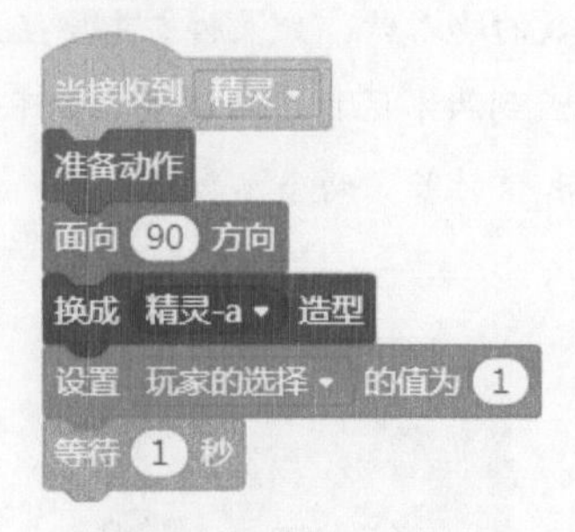

第5段 当接收到消息“公主”时，调用函数“准备动作”，旋转角色的方向，切换造型为“公主-a”，将变量“玩家的选择”设置为“2”，等待“1”秒。

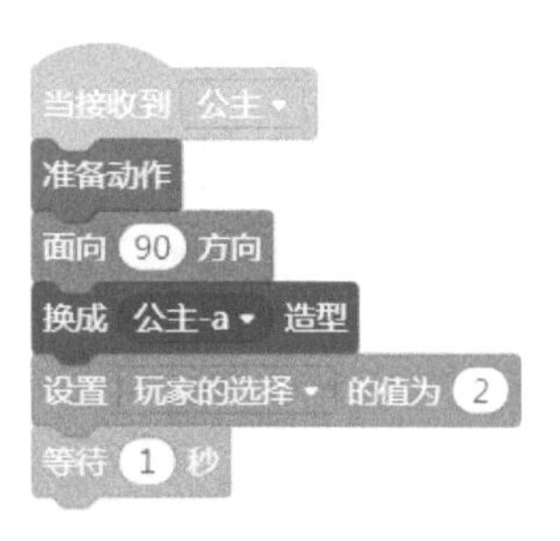

第6段 当接收到消息“女巫”时，调用函数“准备动作”，旋转角色的方向，切换造型为“女巫-a”，将变量“玩家的选择”设置为“3”，等待“1”秒。

第7段 当背景切换为“电脑赢”“玩家赢”“平局”时，隐藏角色。

（5）第5个角色：电脑。

电脑角色有4个造型，分别是从角色库中选择的“Mind+old”造型、“公主-a”造型、“女巫-a”造型和“精灵-a”造型。为了保证角色是对称的，添加造型的时候需要左右翻转造型。

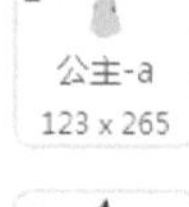

这个角色有6段脚本。

第1段 自定义和“玩家”角色中完全相同的函数“准备动作”。由于制作的函数只能针对一个角色，所以尽管代码一样，但还要为“电脑”角色新建一个函数。当然，可以选择直接复制“玩家”角色中的函数。

第2段　当单击绿旗时，调用函数“准备动作”，让角色左右摆动。

第3段　当接收到信息“开始一轮游戏”时，旋转角色的方向，造型切换为“Mind+old”，显示角色。

第4段　当接收到消息“玩家选择结束”时，调用函数“准备动作”，让角色左右摆动。然后从1～3随机选择一个数字，将其赋值给变量“电脑的选择”。根据变量“电脑的选择”的值来切换造型，广播消息“判断”。

```
当接收到 玩家选择结束
准备动作
设置 电脑的选择 的值为 在 1 和 3 之间取随机数
如果 变量 电脑的选择 = 1 那么执行
    换成 精灵-a 造型
    等待 1 秒
如果 变量 电脑的选择 = 2 那么执行
    换成 公主-a 造型
    等待 1 秒
如果 变量 电脑的选择 = 3 那么执行
    换成 女巫-a 造型
    等待 1 秒
广播 判断
```

第5段　当接收到“判断”消息时，根据变量“电脑的选择”和“玩家的选择”来判断胜负。按照精灵战胜女巫、女巫战胜公主、公主战胜精灵的规则来判断，然后广播相应的消息。

- 如果变量“电脑的选择”和变量“玩家的选择”的值相同，广播消息“平局”。
- 如果“电脑的选择”是1，“玩家的选择”是2，由于1代表精灵，2代表公主，所以玩家赢了，广播消息“玩家赢”。
- 如果“电脑的选择”是2，“玩家的选择”是3，由于2代表公主，3代表女巫，所以玩家赢了，广播消息“玩家赢”。
- 如果“电脑的选择”是3，“玩家的选择”是1，由于3代表女巫，1代表精灵，所以玩家赢了，广播消息“玩家赢”。
- 如果“电脑的选择”是1，“玩家的选择”是3，广播消息“电脑赢”。
- 如果“电脑的选择”是2，“玩家的选择”是1，广播消息“电脑赢”。
- 如果“电脑的选择”是3，“玩家的选择”是2，广播消息“电脑赢”。

第6段　当背景切换为“电脑赢”“玩家赢”和“平局”时，隐藏角色。

至此，这个游戏的所有脚本编写完成，现在可以来试着玩游戏了。

5.3　贪吃蛇

本节设计一款经典的游戏——贪吃蛇。这个游戏玩法简单，但是很有趣。玩家通过使用键盘控制蛇头的方向来寻找食物吃。蛇的身体会随着吃到的食物数量的增加而变长。需要注意的是，要远离游戏窗口的边缘，以及不要让蛇头碰到蛇的身体，不然游戏就结束了。

游戏的背景如下页图所示。

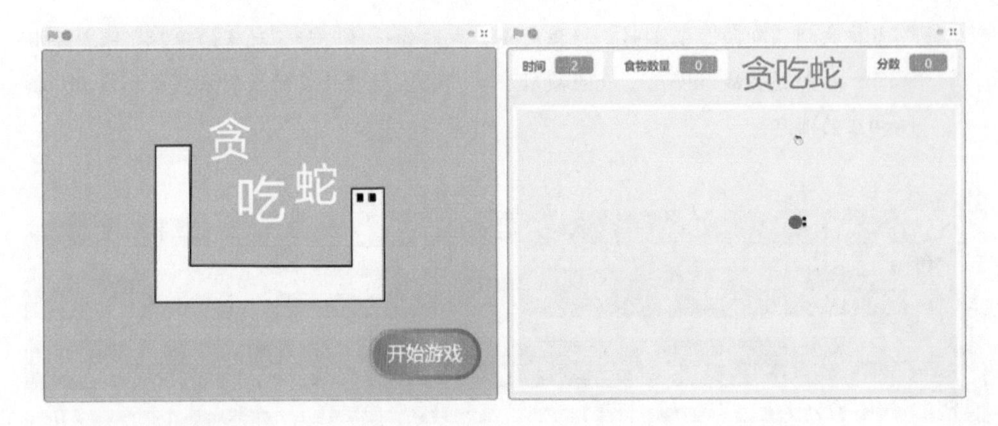

角色如下图所示。

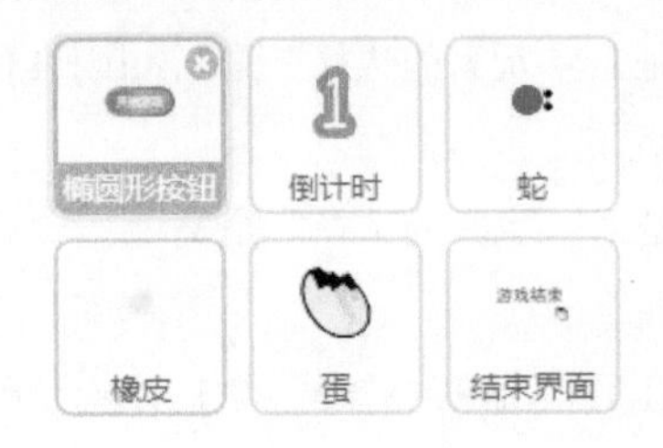

一、变量与列表

我们需要创建8个变量。

- 擦除延时：表示橡皮和蛇之间的间隔时间，是隐藏变量。
- 当前方向：表示蛇当前运动的方向，是隐藏变量。
- 分数：表示本局获取的分数，在舞台上方显示该变量的监视器。
- 时间：表示本局游戏持续了多久，在舞台上方显示该变量的监视器。
- 食物数量：表示蛇在本局吃掉的蛋的数量，在舞台上方显示该变量的监视器。
- 是否失败：表示蛇的死亡状态，“是”表示游戏失败，“否”表示游戏仍在进行中，是隐藏变量。
- 未来方向：表示蛇向哪个方向转弯，是隐藏变量。
- 橡皮方向：表示橡皮当前运动的方向，是隐藏变量。

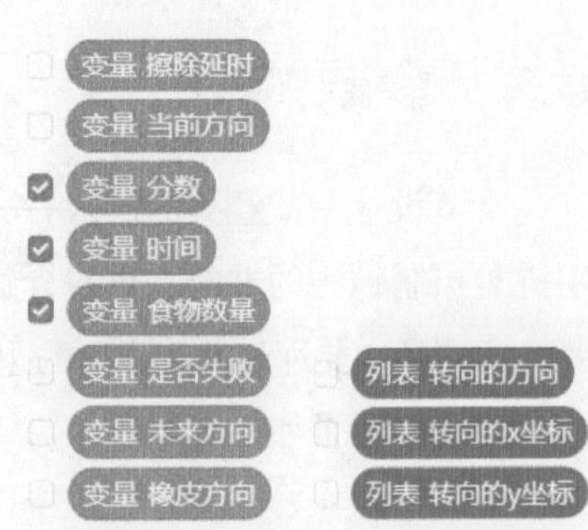

还需要定义3个列表。

- 转向的方向：用来记录蛇转弯时的方向的列表。
- 转向的x坐标：用来记录蛇转弯时x坐标的列表。
- 转向的y坐标：用来记录蛇转弯时y坐标的列表。

二、背景

背景有两个造型，用来表示游戏开始和游戏进行的界面。

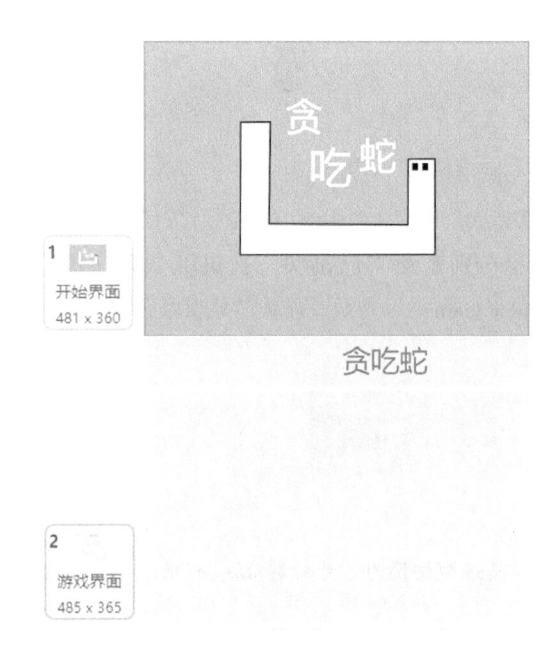

我们为背景添加了两段脚本。

第1段　当单击绿旗时，切换背景为“开始界面”。

第2段　当接收到消息“游戏开始”时，清空舞台，切换背景为“游戏界面”。在接下来要介绍的“椭圆形按钮”角色中，会广播该消息。

三、角色

添加下页图所示的角色。

（1）第1个角色：椭圆形按钮。

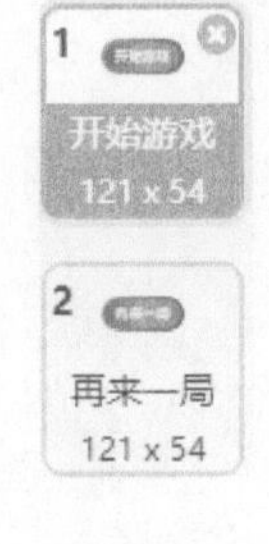

增加的第一个角色是从角色库中选择的“椭圆形按钮”。我们将它复制为两个造型，增加文字来分别表示“开始游戏”按钮和“再来一局”按钮。

从音乐库添加“Video Game 2”音效，作为游戏背景音乐。

该角色有3段脚本。

第1段　当单击绿旗时，将造型切换为“开始游戏”，移动到背景的右下角区域，显示角色。

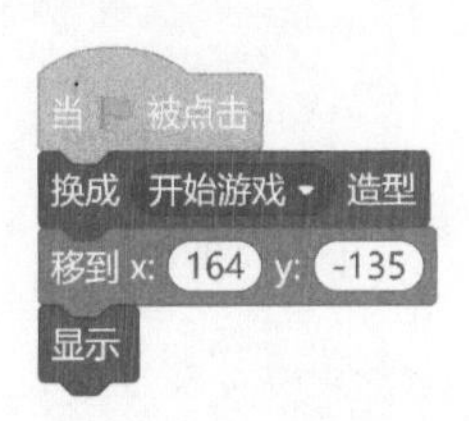

第2段　当单击“椭圆形按钮”角色时，广播消息“游戏开始”，隐藏角色，并且循环播放背景音乐直到变量“是否失败”为“1”（游戏失败），之后广播“播放失败音乐”消息。

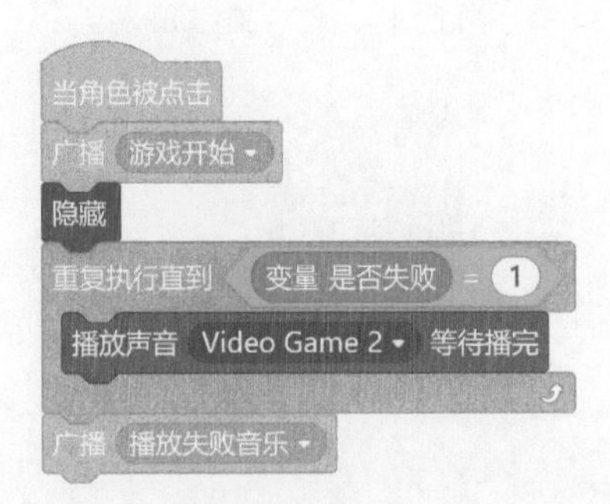

第3段　当接收到消息“游戏失败”时，将造型切换为“再来一局”，显示角色。重复执行以下脚本：如果鼠标指针移动到角色上，将虚像特效设定为“0”，让角色高亮

显示；否则，增加虚像特效。我们会在后面介绍的“蛇”角色中，广播这个消息。

提示：可以使用“外观”分类中的“将……特效设定为……”积木为角色加上一些图形特效，并且指定它的强度。可以从菜单中选择一种效果。

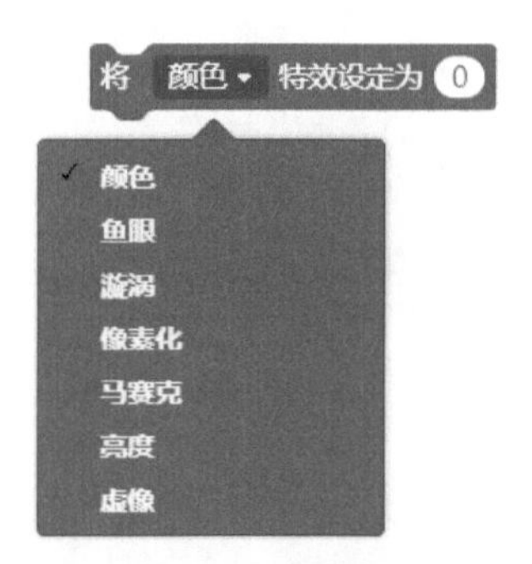

这里选择的是虚像。大家可以尝试键入−100～100的不同数值来看一下效果（一些效果接受的值的范围是0～100）。

“清除图形特效”积木可以清除所有的图形特效。

（2）第2个角色：倒计时。

为“倒计时”角色添加3个造型，分别是从角色库中添加的辉光系列的数字。3个数字分别表示倒计时的时间。

该角色有两段脚本。

第1段　当单击绿旗时，隐藏变量“分数”“时间”“食物数量”，隐藏角色。

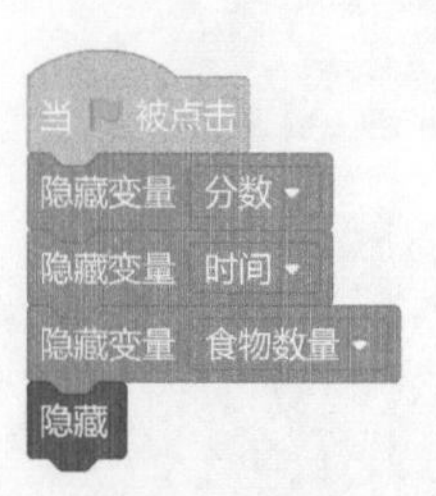

第2段　当接收到消息“游戏开始”时，将变量“分数”“时间”“是否失败”“食物数量”都设置为“0”，完成初始化。之后将变量“分数”“时间”“食物数量”显示在舞台上。然后通过切换造型来倒计时，并统计存活时间。只要变量“是否失败”不等于“1”，就将变量“时间”增加“1”。

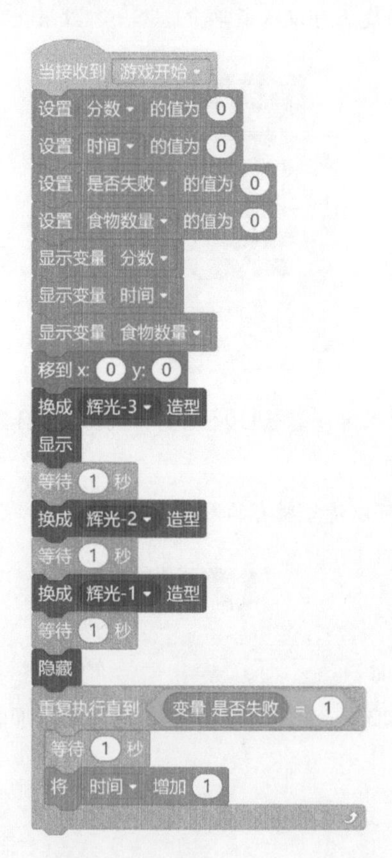

（3）第3个角色：蛇。

现在介绍游戏的主角：蛇。我们为它准备了4个造型，分别表示蛇头向上、向下、向左和向右。造型中用黑色小球表示蛇的眼睛，黑色朝哪个方向，就表示蛇头朝向该方向。需要注意的是，两只眼睛的间距不要超过蛇头的宽度，不然蛇头在转向时容易撞到身子。

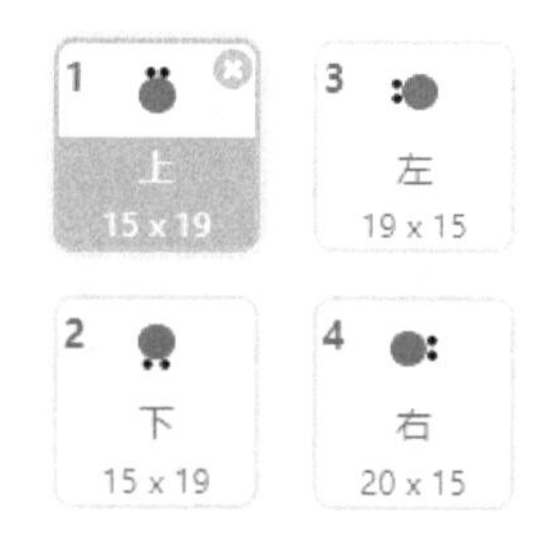

这个角色有3段脚本。

第1段 当单击绿旗时，隐藏角色，清空舞台，抬笔，设置画笔的颜色。

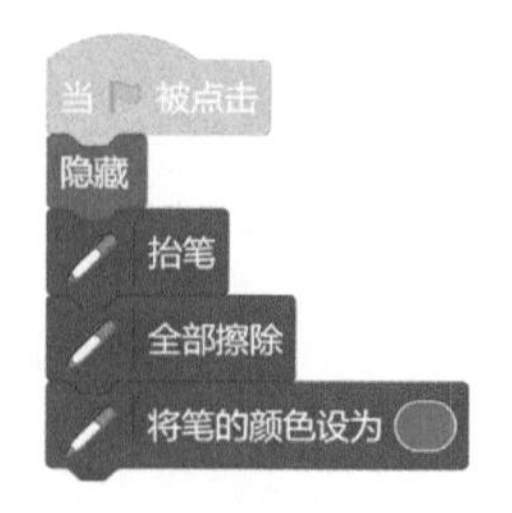

第2段 当接收到消息“游戏开始”时，根据方向键来控制蛇的移动及判断游戏是否失败。这段脚本有点长，我们分为4部分进行介绍。

首先，将角色移动到屏幕的中央，删除几个列表中的全部数据，设置变量“擦除延

时”和“当前方向”的值。设置角色的方向，将造型切换为“右”，使蛇头向右，将画笔的粗细设置为“10”。等待“3”秒，移到最前面并显示角色，落笔。

下面这段脚本将会重复执行。

将变量“未来方向”设置为“0”。如果按↑键，并且变量“当前方向”不为“1”或“2”（即蛇头朝向不是向上或向下，蛇无法继续沿原方向移动，也无法突然调头，后面几种情况类似），将造型切换为“上”（蛇头向上），将变量“未来方向”设置为“1”。如果按↓键，并且变量“当前方向”不为“2”或“1”（即蛇头朝向不是向下或向上），将造型切换为“下”（蛇头向下），将变量“未来方向”设置为“2”。如果按←键，并且变量“当前方向”不为“3”或“4”（即蛇头朝向不是向左或向右），将造型切换为“左”（蛇头向左），将变量“未来方向”设置为“3”。如果按→键，并且变量“当前方向”不为“4”或“3”（即蛇头朝向不是向右或向左），将造型切换为“右”（蛇头向右），将变量“未来方向”设置为“4”。

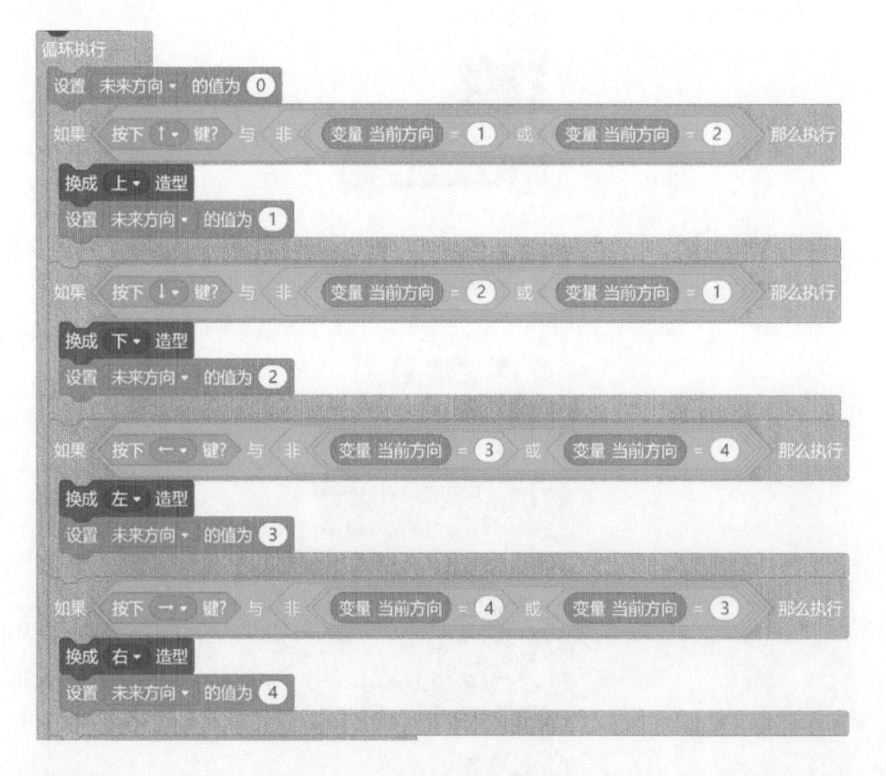

如果变量“未来方向”不为“0”，表示要将蛇调整一个方向，将x坐标加到列表“转向的x坐标”中，将y坐标加到列表“转向的y坐标”中，将变量“未来方向”加到列表“转向的方向”中，并且将变量“未来方向”赋值给变量“当前方向”。然后根据变量“当前方向”的值，来调整x坐标和y坐标。如果“当前方向”为“1”，表示向上；如果“当前方向”为“2”，表示向下；如果“当前方向”为“3”，表示向左；如果“当前方向”为“4”，表示向右。

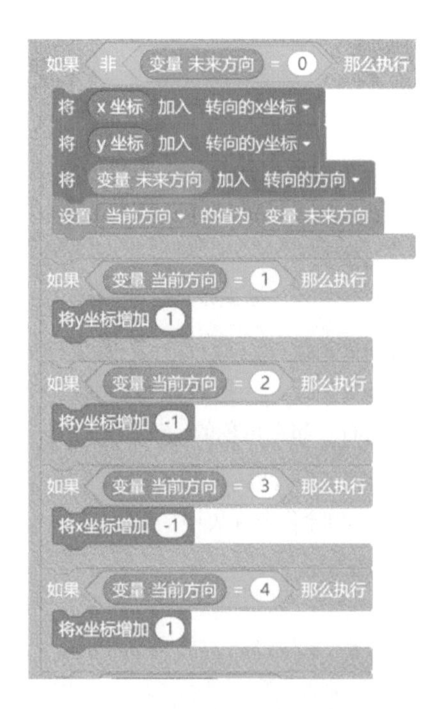

接下来判断变量“擦除延时”是否为“0”，程序开始的时候把它设置为“30”，每次减“5”。当循环6次时，变量为“0”。如果变量为“0”，广播消息“擦除”。然后设置游戏结束的条件：黑色碰到白色，表示蛇出界了，游戏会结束；黑色碰到红色，表示蛇头碰到了蛇身，游戏会结束。

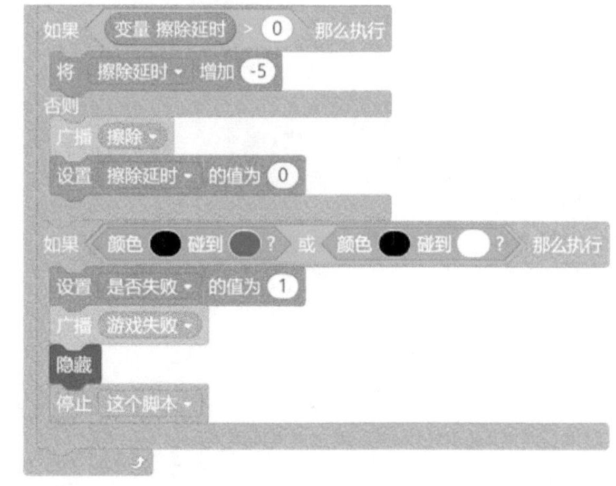

第3段　当接收到消息“游戏失败”时，抬笔，清空舞台。

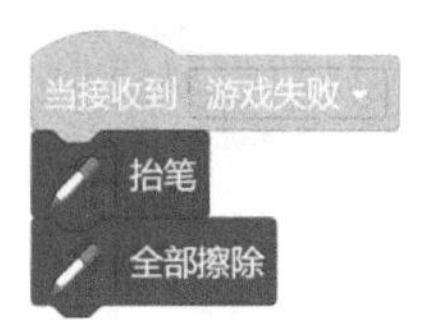

（4）第4个角色：橡皮。

“橡皮”角色的主要功能是擦除蛇移动的轨迹。使用“橡皮”角色画出蓝色的线覆盖蛇画出的红色的线，这样在蓝色背景上就看不出红色的移动轨迹。“橡皮”角色只有一个造型，即一个蓝色圆形。

该角色有两段脚本。

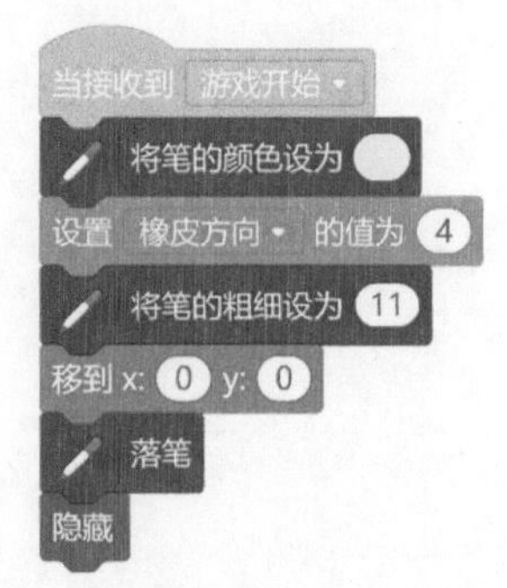

第1段　当接收到“游戏开始”消息时，设置画笔颜色，将变量“橡皮方向”设置为“4”，设置画笔粗细和角色的位置。落笔，隐藏角色。

第2段　接收到消息“擦除”时，根据“橡皮方向”移动橡皮。

如果“橡皮方向”为“1”，表示向上；如果“橡皮方向”为“2”，表示向下；如果“橡皮方向”为“3”，表示向左；如果“橡皮方向”为“4”，表示向右。如果角色的x坐标和y坐标分别等于之前列表中第“1”项所存储的x坐标和y坐标，那么将列表“转向的方向”的第“1”项赋值给变量“橡皮方向”，删除各个列表中的第“1”项。

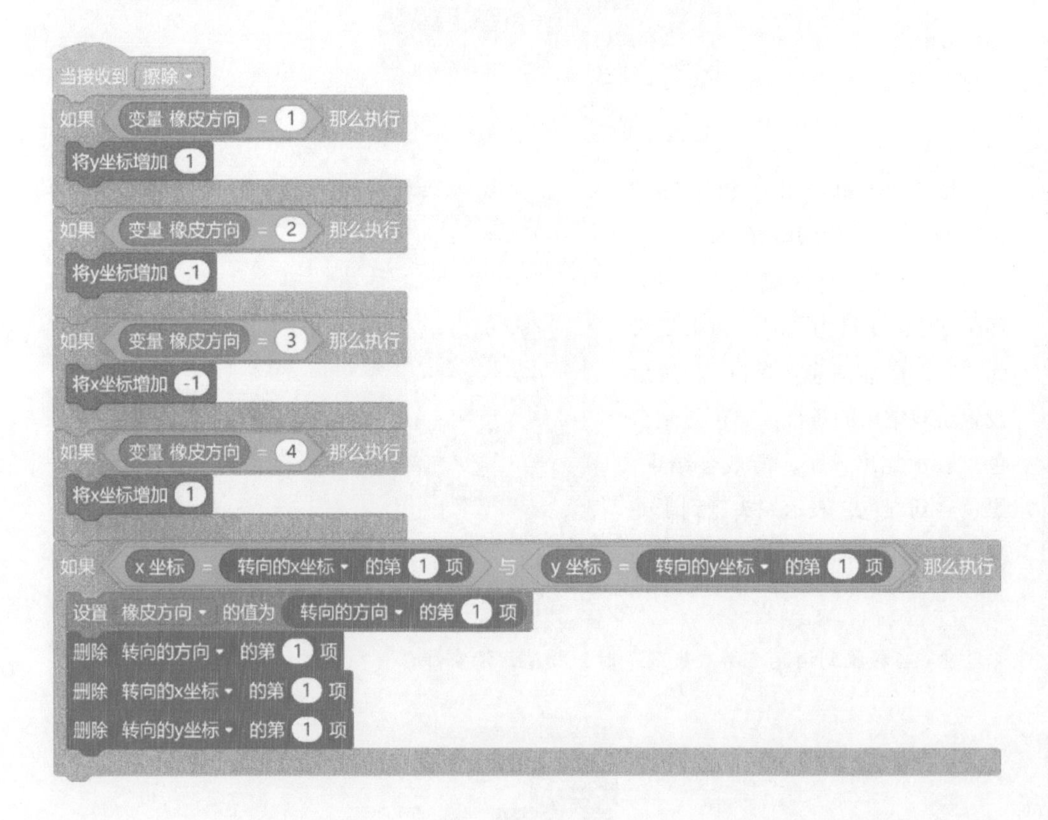

（5）第5个角色：蛋。

从角色库中选择“蛋”角色，保留其中的“蛋-b”造型，调整为合适的大小。

这个角色有一个从声音库选择的音效“咬”，表示蛇吞蛋的声音。

这个角色有3段脚本。

第1段　当单击绿旗时，隐藏角色。

第2段　当接收到“游戏开始”消息后，在一个随机的位置生成蛋，当碰到蛇时，表示蛋被蛇吃掉，重新生成蛋，并且更新“分数”、“擦除延时”（表现蛇的长度）及吃掉的“食物数量”等变量。

接收到消息“游戏开始”时，等待“3”秒，将角色随机移到一个位置，随机设置大小，显示角色。接下来，重复判断是否碰到蛇，如果碰到：播放蛇吞蛋的声音；将角色随机移动到一个位置；随机设定角色的大小；增加分数；修改变量“擦除延时”，使蛇的身子变长；增加食物数量。

```
当接收到 游戏开始
移到 x: 在 -220 和 220 之间取随机数 y: 在 -160 和 110 之间取随机数
将大小设为 在 20 和 50 之间取随机数
等待 3 秒
显示
循环执行
  如果 碰到 蛇 ? 那么执行
    播放声音 咬
    移到 x: 在 -220 和 220 之间取随机数 y: 在 -160 和 110 之间取随机数
    将大小设为 在 20 和 50 之间取随机数
    将 分数 增加 大小
    将 擦除延时 增加 大小
    将 食物数量 增加 1
```

第3段　当接收到消息“游戏失败”时，隐藏角色。

（6）第6个角色：结束界面。

这个角色有两个造型，当游戏结束时，交替变换。

1 结束界面1 148 x 74

游戏结束

2 结束界面2 148 x 75

它有一个从声音库中选取的“失败”音效，表示游戏结束时的声音。

这个角色有4段脚本。

第1段　当单击绿旗时，隐藏角色，并移到背景的左下角。

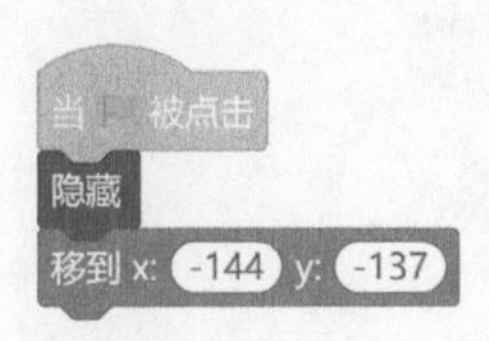

第2段 当接收到“游戏开始”消息时，隐藏角色，并移到背景的左下角。

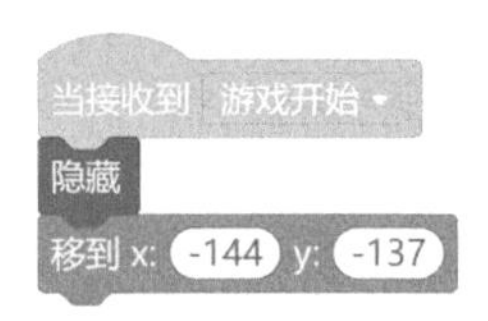

第3段 当接收到“游戏失败”消息时，显示角色，重复切换造型，以实现角色动态变化的效果。

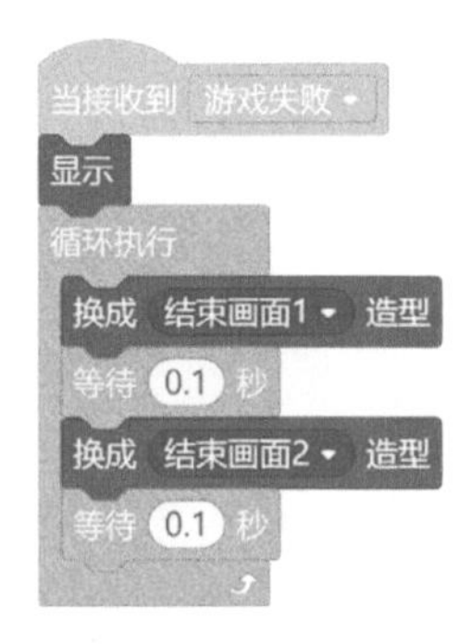

第4段 当接收到消息“播放失败音乐”时，播放声音“失败”，设置变量“是否失败”为0。

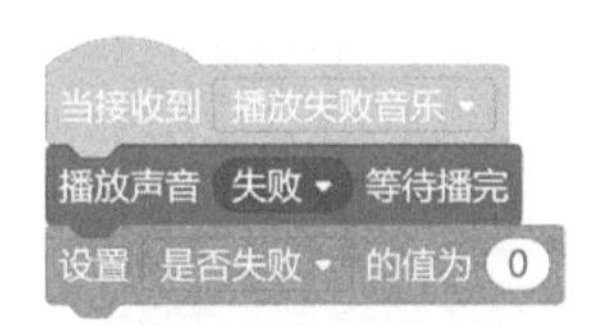

至此，“贪吃蛇”游戏就设计完成了。读者还可以尝试加快蛇移动的速度，增加游戏的难度，别忘了橡皮的速度也要加快，不然蛇的长度就不对了。最后来玩玩，感受一下游戏效果吧。

5.4 五子棋

本节我们来制作一款策略型棋类游戏，也是大家比较熟悉的棋类游戏——五子棋。五子棋游戏是一款双人游戏，需要双方分别使用黑白两色的棋子，在棋盘横线与竖线的交叉点上落子，谁先在横竖排方向或对角线方向形成5子连线，谁就赢了。

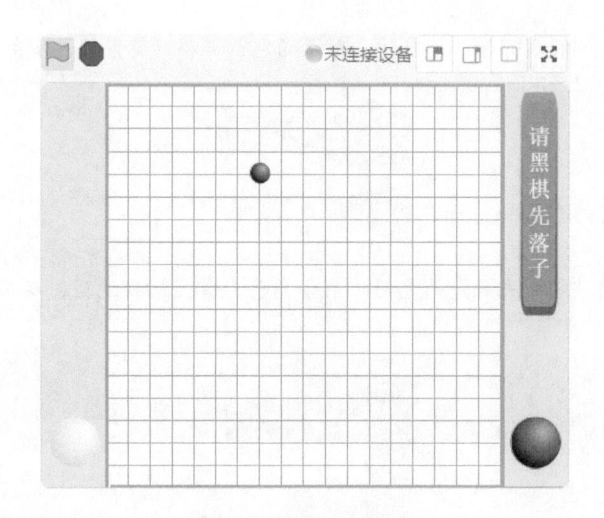

一、变量和列表

本游戏需要定义9个变量。

- 计数1号：用于计数，是隐藏变量。
- 计数2号：用于计数，是隐藏变量。
- 计数3号：用于计数，是隐藏变量。
- 连上的棋子：表示已经连成线的棋子数量，是隐藏变量。
- 列数x：表示棋子在棋盘上的列数，也就是经过计算后的x坐标，是隐藏变量。
- 行数y：表示棋子在棋盘上的行数，也就是经过计算后的y坐标，是隐藏变量。
- 是否已有棋子：表示棋盘交叉点上是否已经有棋子，是隐藏变量。
- 是否在动棋子：表示是否在行子的状态，是隐藏变量。
- 赢方：表示黑棋赢了还是白棋赢了，是隐藏变量。

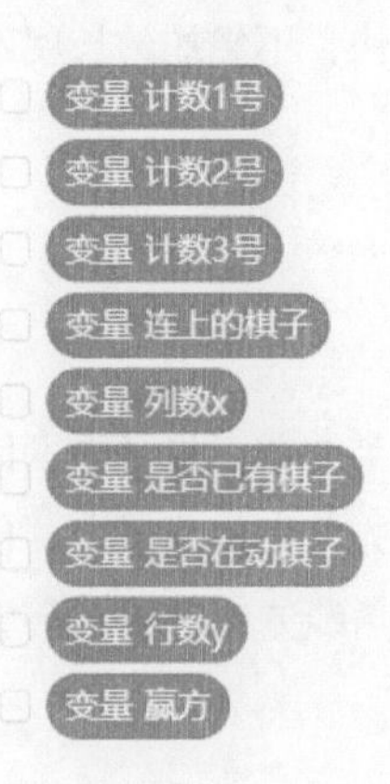

还定义了3个列表。

- 黑/白子：表示落在棋盘上的棋子是黑子还是白子的列表。
- 棋子的x坐标：表示落在棋盘上棋子的x坐标的列表。
- 棋子的y坐标：表示落在棋盘上棋子的y坐标的列表。

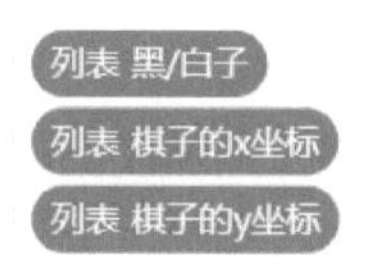

二、背景

添加一个棋盘的背景，这个背景没有脚本。

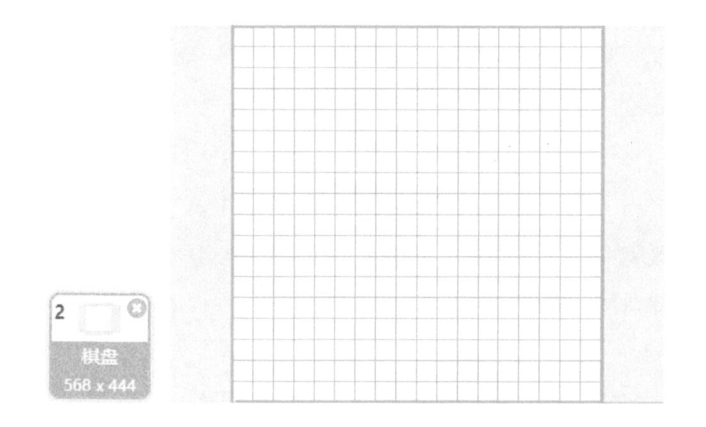

三、角色

我们需要添加4个角色。

（1）第1个角色：提示。

在这个游戏中，通过“提示”角色的造型来提醒玩家的各种操作。提示一共有7个造型，分别表示7种提示。提示的外框选择角色库中的“方形按钮”，调整为合适的大小，添加上文字就可以了。

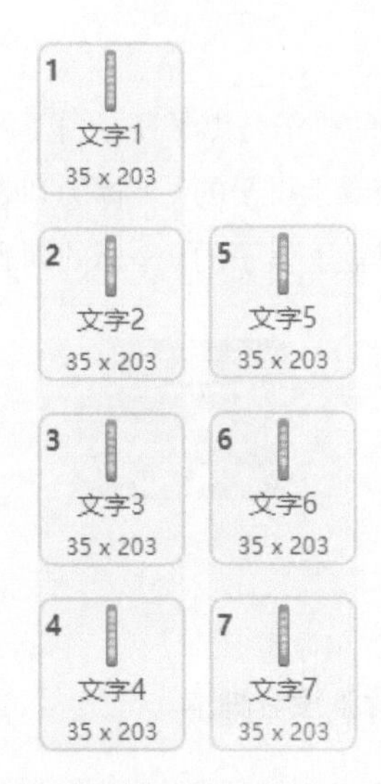

用声音库中的“Bossa Nova”作为背景音乐。

该角色有6段脚本。

第1段　当单击绿旗时，播放背景音乐。

第2段　当单击绿旗时，切换造型，显示提示信息，提醒玩家游戏开始了。

第3段　当接收到消息“白方”时，切换造型，显示“请单击白棋落子”。

第4段 当接收到消息“黑方”时，切换造型，显示“请单击黑棋落子”。

第5段 当接收到“获胜”消息时，如果变量“赢方”等于“黑子”，切换造型，显示“恭喜黑棋赢了”；否则，切换造型，显示“恭喜白棋赢了”。

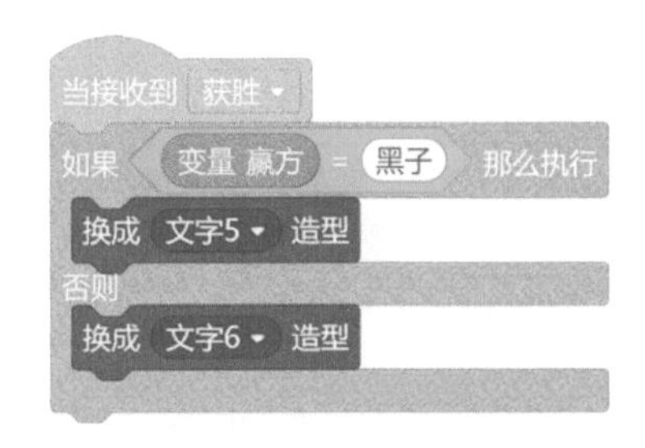

第6段 当接收到“判断赢方”消息，切换造型，显示“判断赢家中”。

（2）第2个角色：白方。

“白方”角色有一个造型。

该角色有两段脚本。

第1段 当单击绿旗时，摆放角色的位置。

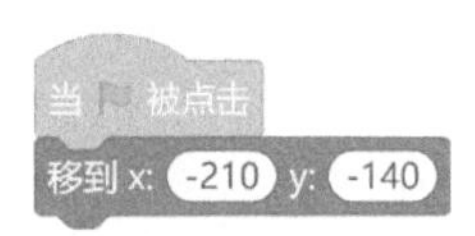

第2段 当接收到“白方”消息时，会等待直到在角色上按下鼠标左键，表示取子的动作。然后将变量“是否已有棋子”设置为“0”，将“是否在动棋子”设置为“1”，广播消息“白棋出”。

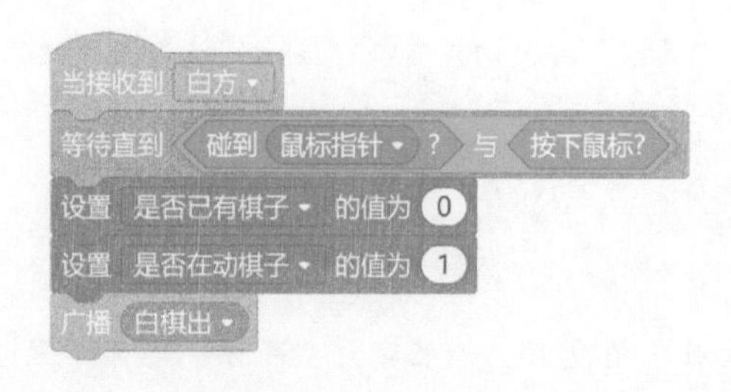

（3）第3个角色：黑方。

“黑方”角色有一个造型。

该角色有两段脚本。

第1段　当单击绿旗时，摆放角色的位置。

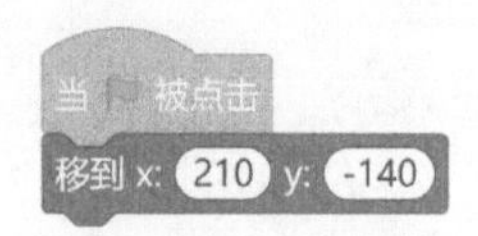

第2段　当接收到“黑方”消息时，会等待直到在角色上按下鼠标左键，表示取子的动作。然后将变量“是否已有棋子”设置为“0”，将“是否在动棋子”设置为“1”，广播消息“黑棋出”。

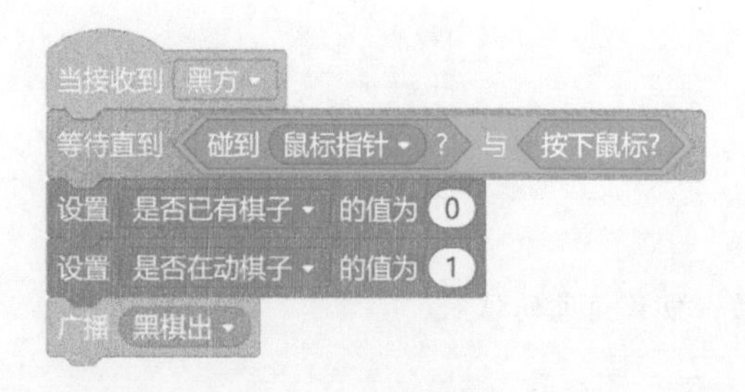

（4）第4个角色：棋子。

现在介绍游戏的主角：棋子。我们为它准备了两个造型，分别是黑子和白子，这两个造型与“白方”角色和“黑方”角色的造型一致。

该角色有6段脚本。

第1段 当单击绿旗时，清空舞台，隐藏角色。设置变量“赢方”“是否在动棋子”“是否已有棋子”的初始值。清空列表中的所有数据，广播消息“黑棋出”。

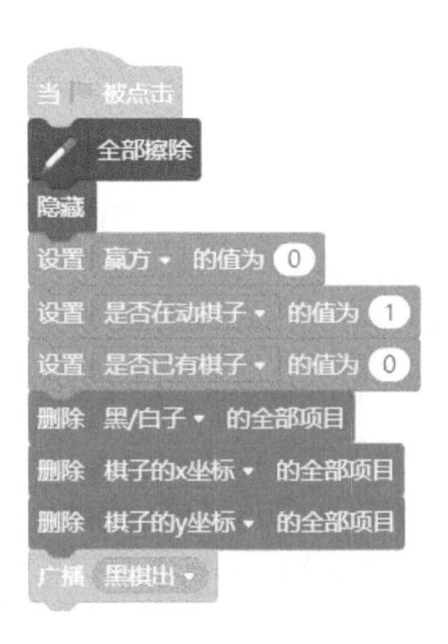

第2段 自定义一个函数“在动”。这个函数用来实现如何在棋盘上落子。它有“棋子颜色”和“消息”两个字符串参数。

将角色的造型切换为参数“棋子颜色”，移至最上层，显示角色。如果变量“是否在动棋子”不为“0”，则一直重复下面的脚本。

当鼠标指针在棋盘上时，将角色移动到鼠标指针所在的位置。通过计算，确定角色的x、y坐标，使棋子落在棋盘的横竖交界线上。

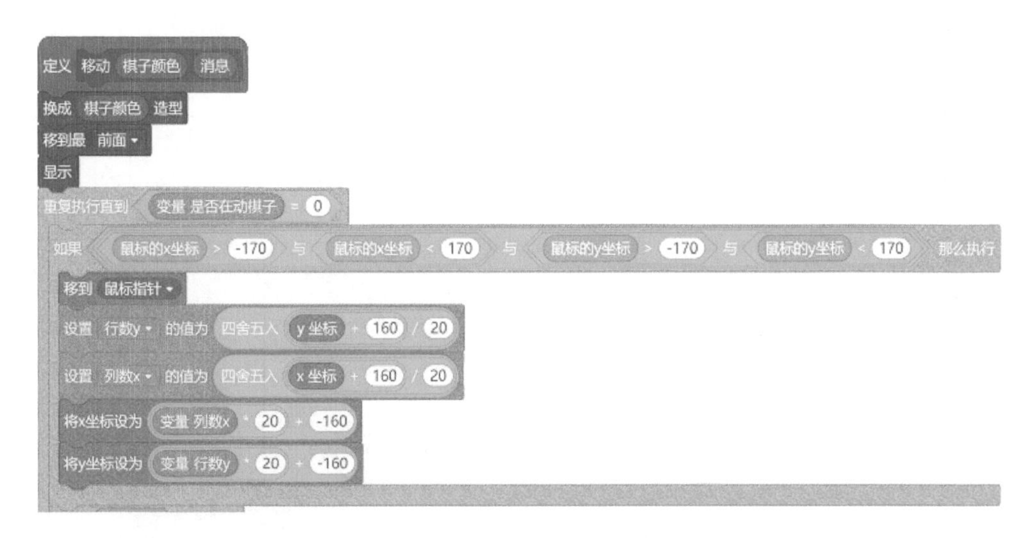

棋盘的中心在舞台的正中间，是一个长度为180的正方形，其中每一个小格是长度为

20的正方形。我们通过将棋子的x坐标加上棋子可位于棋盘上最高的x坐标160，最后除以小格长度20，就得出了变量“行数y”的值，然后将变量“行数y”的值赋值给角色的y坐标，棋子就只会在固定的y坐标上移动。同理，棋子在固定的x坐标上移动的操作类似。

如果按下鼠标按键，就判断是否能落子。先将变量“计数1号”加“1”，然后会通过重复，遍历列表“黑/白棋”中的所有项，判断要落子的地方是否已有棋子，如果有就将变量“是否已有棋子”设置为“1”。

循环结束后，继续判断变量“是否已有棋子”的值是否等于“0”。如果等于“0”，表示此处没有棋子，则将参数“棋子颜色”加入列表“黑/白子”中；将变量“列数x”和变量“行数y”分别加入列表“棋子的x坐标”和列表“棋子的y坐标”中；加盖图章；将变量“是否在动棋子”设置为“0”，将变量“赢方”设置为“判断中”，广播消息“判断赢方”；在变量“赢方”等于“0”之前一直等待，当变量“赢方”不再等于“0”时，广播消息，消息名就是参数“消息”，然后完成本次循环。如果不等于“0”，则将变量“是否已有棋子”设置为“0”，完成本次循环。

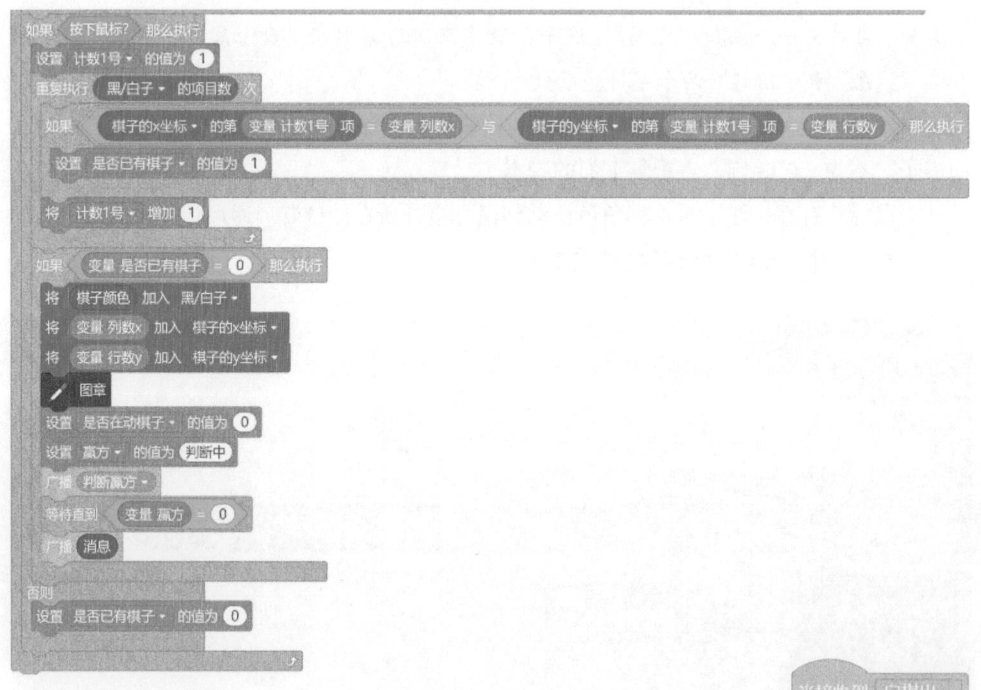

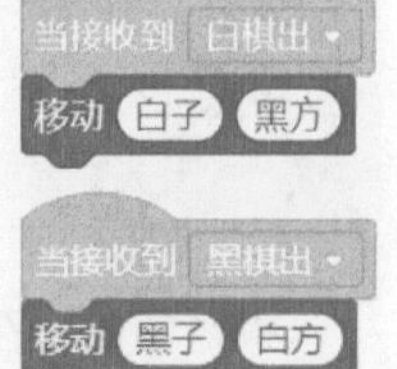

第3段　接收到消息“白棋出”时，调用函数“在动”，参数为“白子”和“黑方”。

第4段　接收到消息“黑棋出”时，调用函数“在动”，参数为“黑子”和“白方”。

第5段 自定义函数“判断连线”。这个函数用来判断是否有横排方向、竖排方向和两个对角线方向的5子连线。它有8个参数，分别是x1、x2、x3、x4、y1、y2、y3和y4。参数x1、x2、x3和x4用于判断x坐标；参数y1、y2、y3和y4用于判断y坐标。

由于这段脚本比较长，我们分为几部分来介绍。

首先将变量“计数2号”设置为“1”，“连上的棋子”设置为“1”。接下来进入循环，这个循环重复执行的次数就是“黑/白子”列表中的项目数。将变量“计数3号”设置为“1”。接下来进入另一个循环，重复执行的次数还是“黑/白子”列表中的项目数。如果任意两个棋子的颜色相同，之后判断x坐标相差“x1”，最后判断y坐标相差“y1”，那么将变量“连上的棋子”加“1”，表示多了一个棋子连线。判断结束后，将变量“计数3号”加“1”，这样就完成了一次子循环。然后开始下一次子循环，直到遍历完列表“黑/白子”中的所有项目。

```
定义 判断连线 x1 x2 x3 x4 y1 y2 y3 y4
设置 计数2号 的值为 1
设置 连上的棋子 的值为 1
重复执行 黑/白子 的项目数 次
  设置 计数3号 的值为 1
  重复执行 黑/白子 的项目数 次
    如果 黑/白子 的第 变量 计数3号 项 = 黑/白子 的第 变量 计数2号 项 那么执行
      如果 棋子的x坐标 的第 变量 计数3号 项 > 棋子的x坐标 的第 变量 计数2号 项 那么执行
        如果 棋子的x坐标 的第 变量 计数3号 项 = 棋子的x坐标 的第 变量 计数2号 项 + x1 那么执行
          如果 棋子的y坐标 的第 变量 计数3号 项 > 棋子的y坐标 的第 变量 计数2号 项 那么执行
            如果 棋子的y坐标 的第 变量 计数3号 项 = 棋子的y坐标 的第 变量 计数2号 项 + y1 那么执行
              将 连上的棋子 增加 1
          否则
            如果 棋子的y坐标 的第 变量 计数3号 项 = 棋子的y坐标 的第 变量 计数2号 项 - y1 那么执行
              将 连上的棋子 增加 1
      否则
        如果 棋子的x坐标 的第 变量 计数3号 项 = 棋子的x坐标 的第 变量 计数2号 项 - x1 那么执行
          如果 棋子的y坐标 的第 变量 计数3号 项 > 棋子的y坐标 的第 变量 计数2号 项 那么执行
            如果 棋子的y坐标 的第 变量 计数3号 项 = 棋子的y坐标 的第 变量 计数2号 项 + y1 那么执行
              将 连上的棋子 增加 1
```

这段代码和前边代码类似，只是把“x1”换成了“x2”，“y1”换成了“y2”，不再赘述。

```
设置 计数3号 的值为 1
重复执行 黑/白子 的项目数 次
  如果 黑/白子 的第 变量 计数3号 项 = 黑/白子 的第 变量 计数2号 项 那么执行
    如果 棋子的x坐标 的第 变量 计数3号 项 > 棋子的x坐标 的第 变量 计数2号 项 那么执行
      如果 棋子的x坐标 的第 变量 计数3号 项 = 棋子的x坐标 的第 变量 计数2号 项 + x2 那么执行
        如果 棋子的y坐标 的第 变量 计数3号 项 > 棋子的y坐标 的第 变量 计数2号 项 那么执行
          如果 棋子的y坐标 的第 变量 计数3号 项 = 棋子的y坐标 的第 变量 计数2号 项 + y2 那么执行
            将 连上的棋子 增加 1
        否则
          如果 棋子的y坐标 的第 变量 计数3号 项 = 棋子的y坐标 的第 变量 计数2号 项 - y2 那么执行
            将 连上的棋子 增加 1
    否则
      如果 棋子的x坐标 的第 变量 计数3号 项 = 棋子的x坐标 的第 变量 计数2号 项 - x2 那么执行
        如果 棋子的y坐标 的第 变量 计数3号 项 > 棋子的y坐标 的第 变量 计数2号 项 那么执行
          如果 棋子的y坐标 的第 变量 计数3号 项 = 棋子的y坐标 的第 变量 计数2号 项 + y2 那么执行
            将 连上的棋子 增加 1
        否则
          如果 棋子的y坐标 的第 变量 计数3号 项 = 棋子的y坐标 的第 变量 计数2号 项 - y2 那么执行
            将 连上的棋子 增加 1
  将 计数3号 增加 1
```

这段代码和前边代码类似，只是把“x1”换成了“x3”，“y1”换成了“y3”，不再赘述。

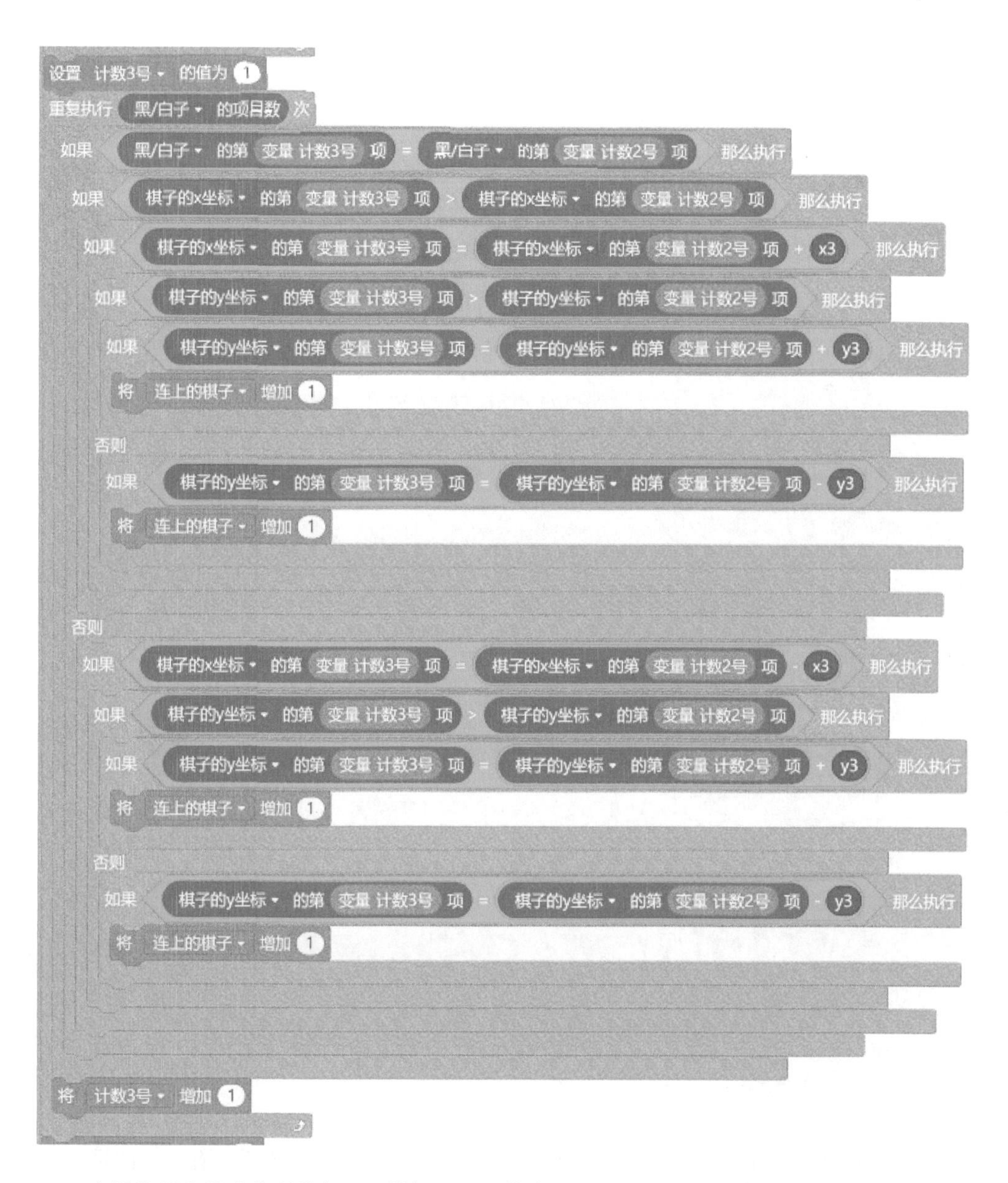

这段代码和前边代码类似，只是把“x1”换成了“x4”，“y1”换成了“y4”，不再赘述。

```
设置 计数3号 的值为 1
重复执行 黑/白子 的项目数 次
  如果 黑/白子 的第 变量 计数3号 项 = 黑/白子 的第 变量 计数2号 项 那么执行
    如果 棋子的x坐标 的第 变量 计数3号 项 > 棋子的x坐标 的第 变量 计数2号 项 那么执行
      如果 棋子的x坐标 的第 变量 计数3号 项 = 棋子的x坐标 的第 变量 计数2号 项 + x4 那么执行
        如果 棋子的y坐标 的第 变量 计数3号 项 > 棋子的y坐标 的第 变量 计数2号 项 那么执行
          如果 棋子的y坐标 的第 变量 计数3号 项 = 棋子的y坐标 的第 变量 计数2号 项 + y4 那么执行
            将 连上的棋子 增加 1
        否则
          如果 棋子的y坐标 的第 变量 计数3号 项 = 棋子的y坐标 的第 变量 计数2号 项 - y4 那么执行
            将 连上的棋子 增加 1
    否则
      如果 棋子的x坐标 的第 变量 计数3号 项 = 棋子的x坐标 的第 变量 计数2号 项 - x4 那么执行
        如果 棋子的y坐标 的第 变量 计数3号 项 > 棋子的y坐标 的第 变量 计数2号 项 那么执行
          如果 棋子的y坐标 的第 变量 计数3号 项 = 棋子的y坐标 的第 变量 计数2号 项 + y4 那么执行
            将 连上的棋子 增加 1
        否则
          如果 棋子的y坐标 的第 变量 计数3号 项 = 棋子的y坐标 的第 变量 计数2号 项 - y4 那么执行
            将 连上的棋子 增加 1
  将 计数3号 增加 1
```

接下来判断变量“连上的棋子”是否等于“5”，如果相等，表示已有一方的棋子形成了5子连线，那么将变量“赢方”设置为列表“黑/白子”的第“计数2号”项，广播消息“获胜”，并停止角色的其他脚本。如果变量“连上的棋子”不等于“5”，表示还没有形成5子连线，那么将变量“连上的棋子”重新设置为“1”，将变量“计数2号”加“1”，这样就完成了一次大循环。然后开始下一次大循环，直到遍历完列表“黑/白子”中的所有项。

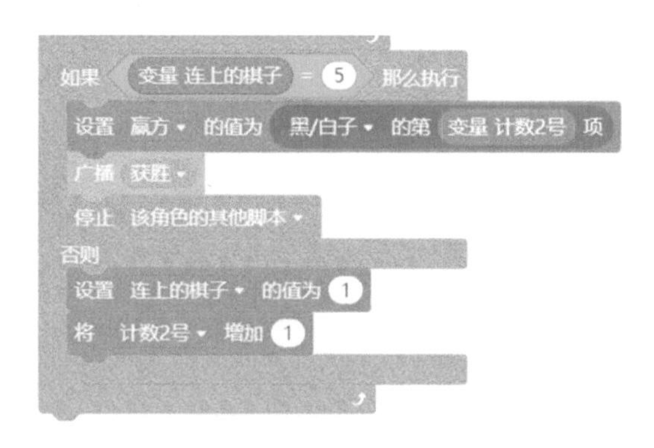

第6段 当接收到“判断赢方”消息时，调用函数“判断连线”来验证是否有赢方。

首先，函数“判断连线”调用参数1、2、3、4、0、0、0和0，判断有无横排方向的5子连线。之后，函数“判断连线”调用参数0、0、0、0、1、2、3和4，判断有无竖排方向的5子连线。

横竖向判断完以后，接下来判断斜向。函数“判断连线”调用参数1、2、3、4、1、2、3和4，判断有无从右上到左下的对角线方向的5子连线。函数“判断连线”调用参数1、2、3、4、−1、−2、−3和−4，判断有无从左上到右下的对角线方向的5子连线。最后将变量“赢方”设置为“0”。

至此，这个游戏的所有脚本已经编写完成，现在你可以和朋友来玩五子棋游戏了。

第6章

飞机大战

本章我们来学习使用Mind+编写更为复杂有趣的“飞机大战”游戏。

6.1 游戏简介

飞机大战是一款飞行射击类游戏，玩家需要使用键盘上的方向键来控制飞机的方向，使用空格键攻击蝗虫，但玩家还需要注意躲避蝗虫的炸弹和地面袭击。玩家在游戏中坚持得越久、击落的蝗虫数越多，得分就越高。

游戏需要7个角色，分别是飞机、子弹、蝗虫、炸弹、等级、开始游戏和结束游戏。

- 飞机：是玩家操控的主体，它可以发射子弹，能左右移动躲避蝗虫和炸弹。
- 子弹：是进攻武器，它可以消灭蝗虫。
- 蝗虫：是敌人，可以俯冲下来，和飞机对撞，被子弹打到可以加分。
- 炸弹：是蝗虫进攻的武器，可以向飞机进行攻击。
- 等级：表示玩家的水平级别，级别越高，表示飞机存活的时间越长和消灭的蝗虫越多。

• 开始游戏和结束游戏：分别是游戏开始和结束时展现的界面。

创建15个变量用于游戏制作。

• 生命数：表示飞机的生命值，是隐藏变量。

• 等级：表示飞机当前的级别，是隐藏变量。

• 本局得分：表示本局得到的分数，每打死一只蝗虫，可以得50分，在舞台上显示该变量的监视器。

• 最高得分：表示历史最高得分，在舞台上显示该变量的监视器。

• 子弹数量：表示当前飞机已打出的子弹数量，它不能大于"最多子弹数量"，是隐藏变量。

• 最多子弹数量：表示在某一时刻飞机最多可以打出的子弹数量，是隐藏变量。

• 炸弹数量：表示当前蝗虫已投出的炸弹数量，它的数值不能大于"最多炸弹数量"，是隐藏变量。

• 下一个炸弹的x坐标：判断下个要出现炸弹的x坐标，是隐藏变量。

• 下一个炸弹的y坐标：判断下个要出现炸弹的y坐标，是隐藏变量。

• 最多炸弹数量：表示在某一时刻蝗虫最多可以投出的炸弹数量，是隐藏变量。

• 飞机是否在爆炸：表示判断飞机是否在爆炸的过程中，是隐藏变量。

• 第几只蝗虫：表示这是第几只要生成的蝗虫，是隐藏变量。

• 剩下的蝗虫数量：表示当前剩余的蝗虫数量，它不能大于"最多蝗虫数量"，是隐藏变量。

• 最多蝗虫数量：表示在某一时刻最多可以生成的蝗虫数量，是隐藏变量。

• 蝗虫克隆体：表示蝗虫的克隆数量，是隐藏变量。

6.2 游戏编程

一、背景

在背景库里选择"Bluesky"作为背景，名称为"蓝天2"。

背景共有4段脚本。

第1段 为游戏设置一个开始界面。程序启动时将变量“生命数”设置为“3”，将“等级”设置为“0”，将“本局得分”设置为“0”。

第2段 当接收到“启动”消息时，设置变量的初始值，生成蝗虫。

将变量“子弹数量”和“炸弹数量”都设置为“0”，将“剩下的蝗虫数量”设置为“最多蝗虫数量”，将“第几只蝗虫”设置为“0”。然后重复克隆“蝗虫”，重复的次数是“最多蝗虫数量”。在变量“剩下的蝗虫数量”等于“0”之前，一直等待。当满足条件时，广播消息“下一级”。注意，会在后面介绍的角色“等级”的脚本中，广播消息“启动”。

第3段 当接收到消息“下一级”时，会停止该角色的其他脚本。

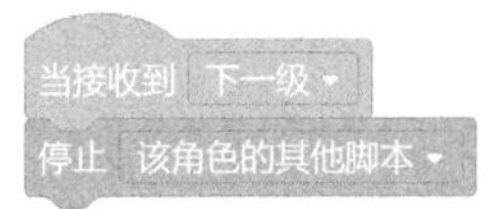

第4段　当接收到消息“生成炸弹”时，如果“炸弹数量”小于“最多炸弹数量”，那么就克隆角色“炸弹”。注意，会在后面介绍的角色“蝗虫”的脚本中，广播消息“生成炸弹”。

```
当接收到 生成炸弹
如果 变量 炸弹数量 < 变量 最多炸弹数量 + 1 那么执行
  克隆 炸弹
```

二、开始界面角色

为游戏设置一个开始界面。

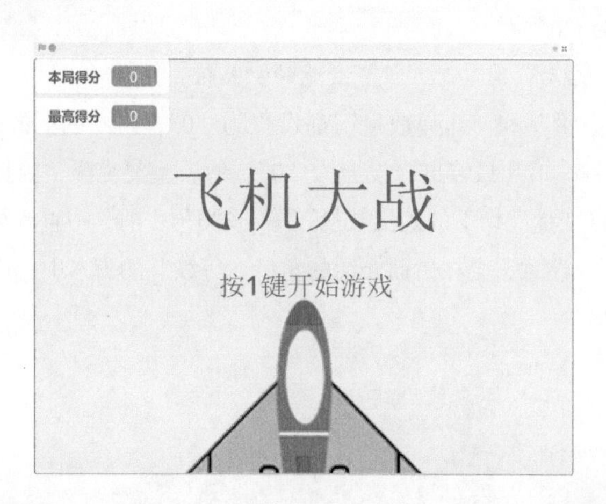

该角色只有一段脚本。那就是展示开始界面。当玩家按下数字1键时，广播消息“下一级”，开始游戏。

当单击绿旗时，换成“开始介绍”造型，播放“魔力”声音并显示角色，然后侦测用户是否按下数字1键。如果没有按下，会一直等待；当玩家按下数字1键时，停止播放所有声音，换成“准备”造型，等待“1.5”秒后换成“开始”造型，等待“0.5”秒后隐藏该角色，广播消息“下一级”，开始游戏。

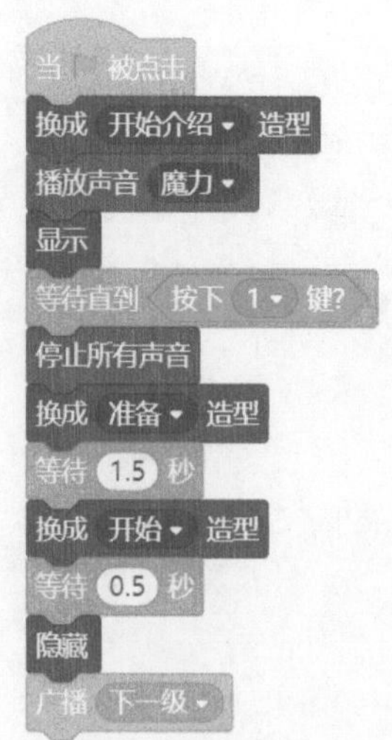

三、等级角色

（1）造型。

“等级”角色共有6个造型，前面5个表示级别1～级别5，第6个名为“新的级别”，表示不固定的级别。

（2）声音。

为“等级”角色增加一个声音，到下一级时，会自动播放声音“飞机等级”。

（3）脚本。

“等级”角色有两段脚本。

第1段　当单击绿旗时，换成“级别1”造型，最后隐藏该角色。

第2段　当接收到消息“下一级”时，按照不同的“等级”切换造型显示角色，播放“飞机等级”音效。为了让级别越高难度越大且子弹攻击力越强，根据“等级”为变量“最多蝗虫数量”“最多炸弹数量”“最多子弹数量”赋值。最后广播“启动”消息，表示开始新一轮游戏。

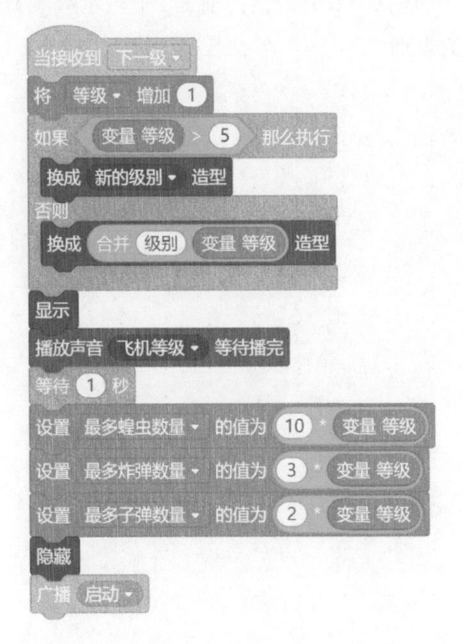

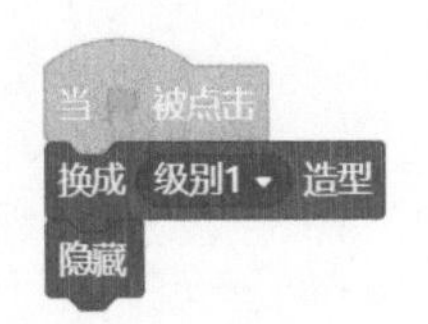

四、飞机角色

（1）造型。

“飞机”角色有4个造型，分别是飞机、爆炸1、爆炸2和空白，通过切换造型可以表现飞机正常状态的形状，以及飞机被炸毁时的形状。

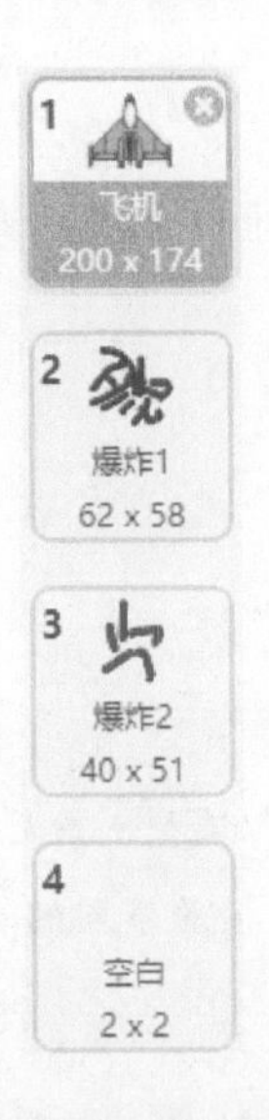

（2）声音。

“飞机”角色只有一个声音，就是当击中飞机的时候，开始播放声音“击中飞机”。

（3）脚本。

第1段　这里自定义了一个新的积木“显示还剩几条命”。首先擦除其他图章，隐藏；在游戏界面的左上角显示飞机的数量，飞机数量表示剩余的生命数；移动“飞机”角色到左上角，将大小设为“15”，将造型切换为“飞机”；接下来进入循环，重复加盖图章，重复的次数就是变量“生命数”；将x坐标增加“15”，使飞机右移；循环结束后，将飞机大小设为“60”并显示该角色。

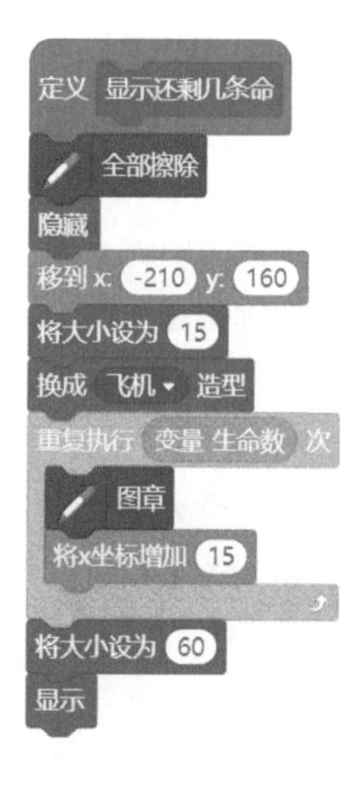

第2段　单击绿旗开始运行程序时，擦除图章。通过←、→键控制飞机方向，然后还要判断飞机是否被蝗虫击中。设置飞机面向“90°”方向，将飞机移到屏幕底部中央。将变量“飞机是否在爆炸”设置为“否”。接下来进入一个循环：如果造型编号等于“1”，表示是“飞机”造型，那么在x坐标小于“240”的情况下，每次按→键，x坐标增加“5”，也就是飞机向右移动；在x坐标大于“−240”的情况下，每次按←键，将x坐标增加“−5”，也就是飞机向左移动。如果碰到蝗虫，并且变量“飞机是否在爆炸”等于“否”，广播“击中飞机”消息。

```
当 被点击
全部擦除
面向 90 方向
换成 飞机 造型
将大小设为 60
移到x: 0 y: -150
设置 飞机是否在爆炸 的值为 否
循环执行
  如果 造型 编号 = 1 那么执行
    如果 按下 → 键? 与 x坐标 < 240 那么执行
      将x坐标增加 5
    否则
      如果 按下 ← 键? 与 x坐标 > -240 那么执行
        将x坐标增加 -5
  如果 碰到 蝗虫 ? 那么执行
    如果 变量 飞机是否在爆炸 = 否 那么执行
      广播 击中飞机
```

第3段 当接收到“击中飞机”消息时，如果变量“飞机是否在爆炸”为“否”，那么设置“飞机是否在爆炸”为“是”，播放“击中飞机”音效，通过切换造型来表现飞机爆炸的效果。将变量“生命数”减“1”，表示损失一架飞机，调用自制积木“显示还剩几条命”刷新舞台右上角飞机架数的显示。如果“生命数”等于“0”，隐藏角色，广播“游戏结束”消息；否则，将变量“飞机是否在爆炸”设置为“否”，将变量“等级”减“1”，广播消息“下一级”。

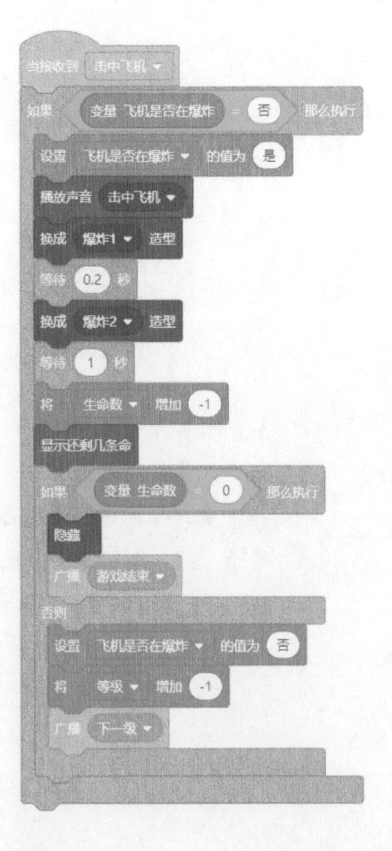

第4段 当接收到“下一级”消息时，刷新角色，切换造型为“飞机”。调用积木“显示还剩几条命”在舞台右上角显示剩余飞机架数。将飞机移到屏幕底部中央，设置变量“飞机是否在爆炸”为“否”，显示角色。

五、子弹角色

（1）造型。

子弹造型如下图所示。

（2）脚本。

第1段 当单击绿旗时，面向0°方向，隐藏该角色。

第2步 当按下“空格”键判断条件，如果变量“子弹数量”小于变量“最多炸弹数量”，并且造型“编号”等于“1”，那么对角色进行克隆。

第3段 当作为克隆体启动时，设置“子弹”克隆体的移动轨迹。将克隆体移到飞机的位置，显示“子弹”克隆体。将变量“子弹数量”增加“1”，将子弹克隆体向上滑出舞台边界。将变量“子弹数量”减“1”，删除这个克隆体。

第4段 当作为克隆体启动，碰到“蝗虫”时，重复执行下面的脚本：如果碰到角色“蝗虫”，等待

"0.1"秒，将变量"子弹数量"减"1"，删除这个克隆体。这里设置等待"0.1"秒，是为了有足够的时间让蝗虫去判断自己被击中，如果没有等待，将会影响游戏效果。

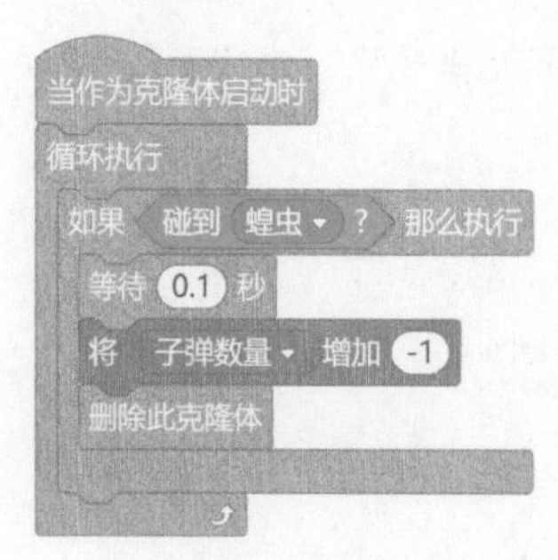

第5段　当接收到消息"下一级"时，清除所有子弹克隆体。

六、蝗虫角色

（1）造型。

为了让游戏看上去更加生动，我们设计了两种蝗虫，每种蝗虫有5个造型，分别是打开翅膀、合上翅膀、爆炸1、爆炸2和爆炸3。

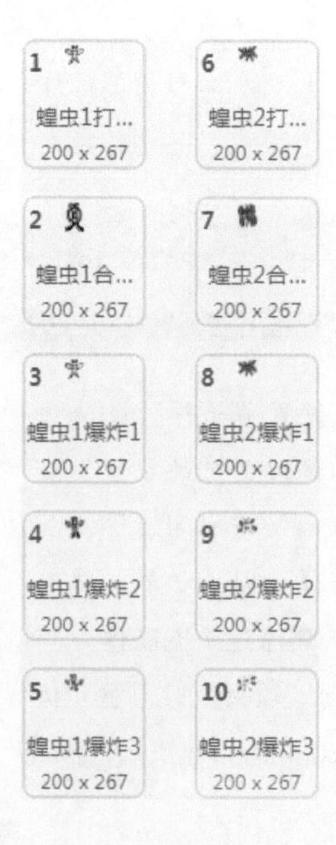

（2）声音。

为角色添加一个声音效果，代表蝗虫被子弹消灭的声音。

（3）脚本。

在这个角色中，我们自定义了3个新的积木，其中两个用于移动蝗虫的位置，一个用于扔炸弹。并且这里定义了一个角色变量“蝗虫克隆体”，用于记录这是第几个克隆出来的“蝗虫”。

第1段　自定义积木“滑行到第一个位置”，它的参数名是“第几个克隆体”。它会根据参数值来切换角色的造型，当参数小于“20”，造型为“蝗虫1合上翅膀”；当参数大于等于“20”，造型切换为“蝗虫2合上翅膀”，然后滑行角色。

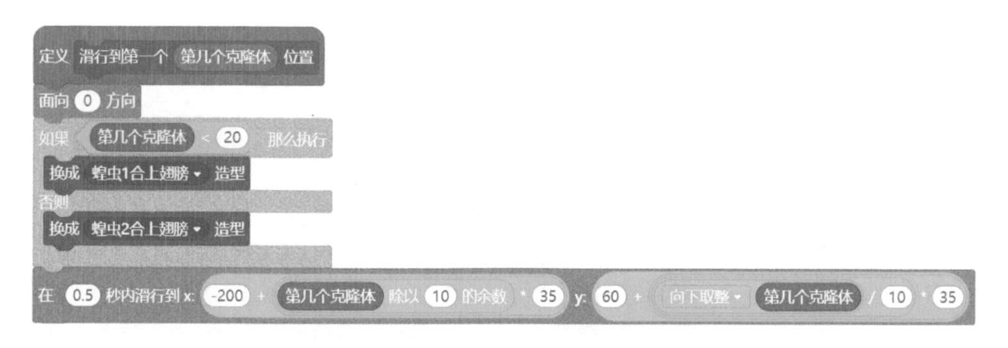

第2段　自定义积木“滑行到第二个位置”和“滑行到第一个位置”的脚本基本相似，只是造型由合上变为打开，滑行到的位置也有所不同。

第3段　自定义积木“扔炸弹”，当满足条件时，广播“生成炸弹”的消息。如果角色的x坐标大于“−150”，那么将x坐标赋值给变量“下一个炸弹的x坐标”，将y坐标

赋值给变量“下一个炸弹的y坐标”，然后广播“生成炸弹”消息。

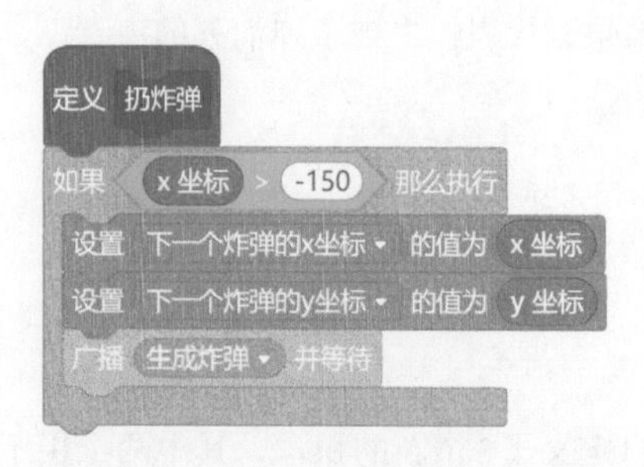

第4段　当作为克隆体启动时，会重复执行以下脚本：如果碰到子弹，将剩余蝗虫数减“1”，播放“杀死蝗虫”的音效。如果变量“蝗虫克隆体”小于“20”，那么切换蝗虫爆炸造型，然后将变量“本局得分”加“50”，最后删除此克隆体。

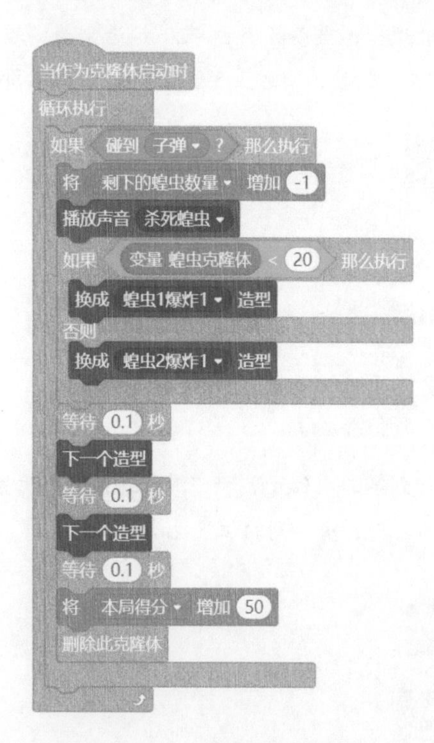

第5段　当作为蝗虫克隆体启动时，设置克隆体移动轨迹。因为脚本较长，我们分为3部分来讲解。

先为变量“蝗虫克隆体”赋值“第几只蝗虫”，然后将变量“第几只蝗虫”加“1”。如果蝗虫克隆体小于“20”，将造型切换为“蝗虫1打开翅膀”，并且克隆体移到屏幕外的左上方；如果大于“20”，将造型切换为“蝗虫2打开翅膀”，并且克隆体移到屏幕外右上方。显示克隆体，将克隆体从上向下滑行，并且根据随机数扔炸弹。在“1”秒的时间内，将克隆体滑行到屏幕上方中央位置。然后调用自定义积木“滑行到第一个位置”，参数就是变量“蝗虫克隆体”。

接下来是一个重复执行的循环体。循环体内，根据变量“等级”和“剩下的蝗虫数量”来决定滑行轨迹和扔炸弹的频次。循环结束后开始扔炸弹。

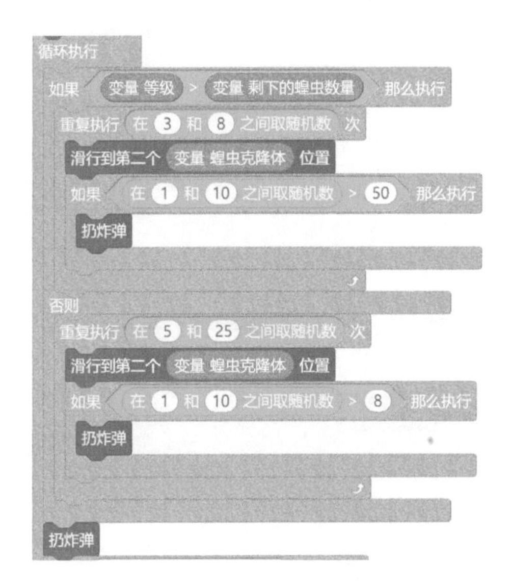

接下来设置蝗虫俯冲飞行的轨迹，并扔炸弹，这部分内容有点复杂，具体脚本的含义如下。

如果蝗虫克隆体小于“20”，切换为“蝗虫1打开翅膀”造型；否则，切换为“蝗虫2打开翅膀”造型。如果x坐标大于“0”，向右旋转，扔炸弹，向左下方滑行“2”秒，扔炸弹，等待“0.1”秒后，向右下方滑行直到飞出底边；如果x坐标小于“0”，向左旋转，扔炸弹，向右下方滑行“2”秒，扔炸弹，等待“0.1”秒后，向左下方滑行直到飞出底边。将克隆体的y坐标设置为“190”，将克隆体重新从上方“滑行到第一个位置”。

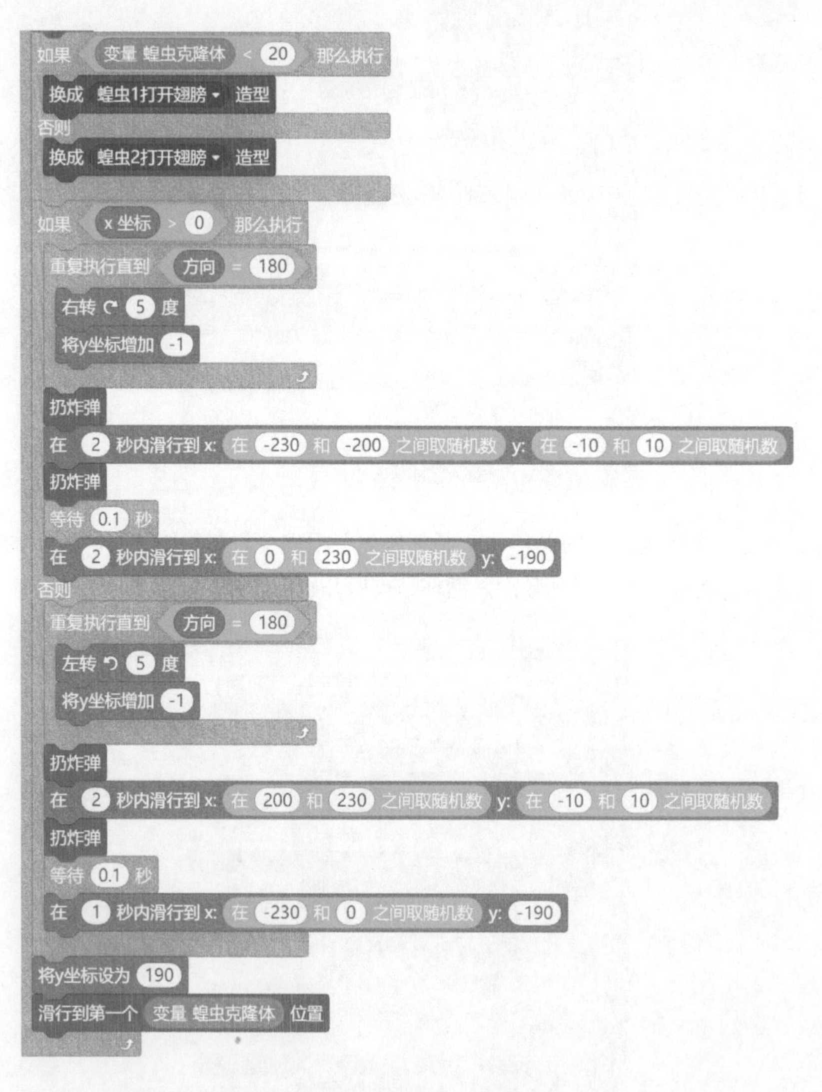

第6段 当单击绿旗时，调整角色的方向和造型，隐藏角色。

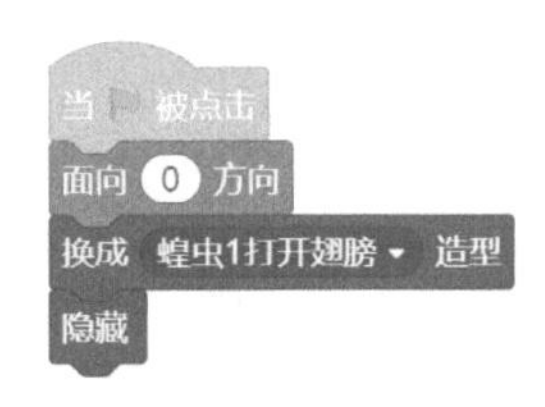

第7段 当接收到“下一级”消息时，删除屏幕上所有的“蝗虫”克隆体。因为“蝗虫”的克隆体不会自动消失，所以要手工清除。

七、炸弹角色

（1）造型。

炸弹造型如下图所示。

（2）脚本。

第1段 当单击绿旗时，调整角色方向，隐藏角色。

第2段 当“炸弹”克隆体启动时，设置移动轨迹。将炸弹移动到x坐标为“下一个炸弹的x坐标”变量和y坐标为“下一个炸弹的y坐标”变量的位置（这两个变量是在蝗虫角色中定义的“扔炸弹”积木中设置的），指定方向，显示“炸弹”克隆体，将变量“炸弹数量”加“1”。在指定时间内，将克隆体从上到下滑行，直到超出界面。将“炸弹数量”减“1”，删除炸弹的克隆体。

第3段 当“炸弹”克隆体启动时，循环执行以下脚本：如果变量“飞机是否在爆炸”为否，那么广播“击中飞机”，如果碰到“飞机”，将变量“炸弹数量”加“1”，删除此克隆体。

```
当作为克隆体启动时
循环执行
  如果 <碰到 飞机▾ ?> 那么执行
    如果 <(变量 飞机是否在爆炸) = 否> 那么执行
      广播 击中飞机▾
    将 炸弹数量▾ 增加 1
    删除此克隆体
```

第4段　当接收到消息“下一级”时，清除所有的“炸弹”克隆体。

八、游戏结束角色

（1）造型。

该角色的造型如下图所示。

（2）脚本。

第1段　当单击绿旗时，隐藏角色。

第2段　当接收到“游戏结束”消息时，展示游戏结束界面。设定角色大小为原始尺寸的“1%”，显示角色。重复执行“25”次放大角色的过程。如果变量“本局得分”大于“最高得分”，那么将“最高得分”设置为“本局得分”，最后停止全部脚本。

```
当接收到 游戏结束▾
将大小设为 1
显示
重复执行 25 次
  将大小增加 4
  等待 0.2 秒
如果 <(变量 本局得分) > (变量 最高得分)> 那么执行
  设置 最高得分▾ 的值为 (变量 本局得分)
停止 全部脚本▾
```

至此，这个比较复杂的游戏终于设计完成了，读者可以自己试着玩一玩，充分感受一下这个游戏的魅力。大家也可以试着调整变量，改变游戏的难度。

第7章

植物大战僵尸

本章我们来设计一款很多小朋友都喜欢玩的游戏“植物大战僵尸”。

7.1 游戏简介

本章要设计的游戏和原版《植物大战僵尸》类似，但玩法很简单。玩家积攒足够的阳光，通过单击植物卡选中需要的植物，然后在草坪上再次单击就可以种植植物。武装了多种植物的玩家就可以和入侵的僵尸对抗，并使用不同的方式快速有效地把僵尸阻挡在入侵的道路上。

本游戏需要添加18个角色，分别是太阳花卡牌、豌豆射手卡牌、坚果卡牌、樱桃炸弹卡牌、火爆辣椒卡牌、植物、太阳花、豌豆射手、坚果、火爆辣椒的火焰、阳光、豌豆子弹、僵尸、僵尸2、房子、开始、胜利和失败。

下面来介绍这些角色。

- 太阳花卡牌、豌豆射手卡牌、坚果卡牌、火爆辣椒卡牌和樱桃炸弹卡牌：这5种类型的卡牌，提供了让玩家选择的植物类型。单击对应卡牌就表示选中相应的植物。
- 植物：表示单击卡牌后，要生成的对应植物。
- 太阳花：一种植物，可以生成阳光。
- 豌豆射手：一种植物，可以生成攻击僵尸的豌豆子弹。
- 坚果：一种植物，可以阻挡并放缓僵尸的脚步。
- 火爆辣椒的火焰：一种武器，用火焰来攻击僵尸。
- 僵尸和僵尸2：玩家的敌人，当它攻击到房子时，游戏就结束了。
- 房子：僵尸要攻击的目标。
- 开始：游戏开始时展现的画面。
- 胜利：游戏胜利时展现的画面。
- 失败：游戏失败时展现的画面。

另外，我们还创建了以下8个变量。

- 植物的x坐标：种植植物时的x坐标，是隐藏变量。
- 植物的y坐标：种植植物时的y坐标，是隐藏变量。
- 等待豌豆生成：生成豌豆子弹的间隔时间，是隐藏变量。
- 等待阳光生成：生成阳光的间隔时间，是隐藏变量。
- 获胜：是否获胜，1表示胜利，0表示失败，是隐藏变量。
- 豌豆数：决定碗豆射手生成豌豆子弹的系数，是隐藏变量。

- 阳光数：决定太阳花生成阳光的系数，是隐藏变量。
- 阳光值：收集到的阳光值，有足够的阳光值才能种植植物，在舞台上显示它的监视器。

还创建了以下4个列表。

- 太阳花x坐标：表示种植太阳花的x坐标的列表。
- 太阳花y坐标：表示种植太阳花的y坐标的列表。
- 豌豆射手x坐标：表示种植豌豆射手的x坐标的列表。
- 豌豆射手y坐标：表示种植豌豆射手的y坐标的列表。

7.2 游戏编程

一、背景

（1）造型。

选用植物大战僵尸中的“草地”作为游戏的背景，上面放置了用来摆放植物卡牌的方框。

（2）声音。

为背景设置了两种声音，分别是游戏的背景音乐和胜利后播放的音乐。

（3）脚本。

第1段　程序启动时设置变量的初始值和背景音乐。

将变量“阳光值”设置为“50”，将“获胜”设置为“否”，如果“获胜”的值没有变化，就一直播放背景音乐。

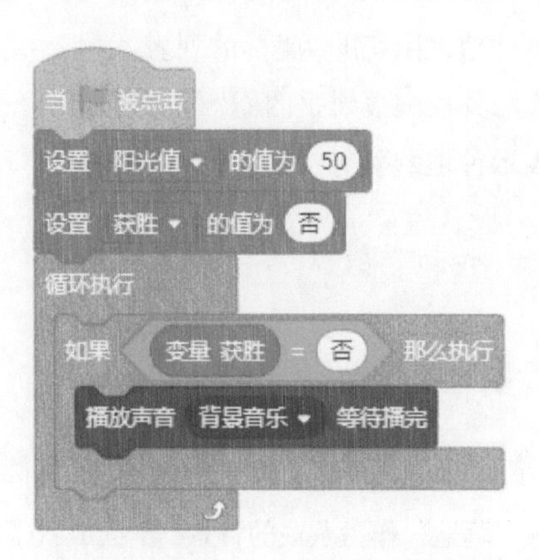

提示：如果想要“更轻松地完成游戏”，可以在这里将“阳光值”的初始值设置改大一些，尝试把“阳光值”改为500，那样就不用“眼巴巴”地等着收集宝贵的“阳光”了。

第2段　当接收到“游戏启动”消息时，设置游戏的长度，当时间到了，广播“获胜”消息并播放音乐。

等待“300”秒，这是本局游戏的时间长度。“300”秒过后，广播消息“获胜”。将变量“获胜”设置为“是”，表示玩家获胜。停止播放所有声音，播放“胜利”音乐，停止全部脚本。

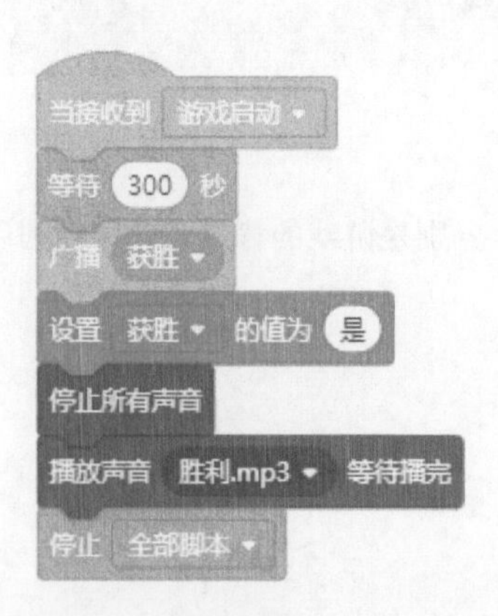

提示：如果你觉得游戏时间太长，可以在这里修改游戏的时间，尝试把“300”改为“100”，看看会不会更容易获胜。

二、开始角色

“开始”角色的造型如下。

这个角色只有一段脚本，就是当单击绿旗时，显示角色。按空格键后，广播“游戏启动”消息，表示开始游戏，然后隐藏该角色。

三、太阳花卡牌角色

（1）造型。

“太阳花卡牌”角色只有一个造型。

（2）脚本。

将“太阳花卡牌”角色移动到指定位置，当玩家在该卡牌上单击：如果“阳光值”大于等于“50”，广播消息“生成太阳花”；否则，提醒“没有足够的阳光值”。

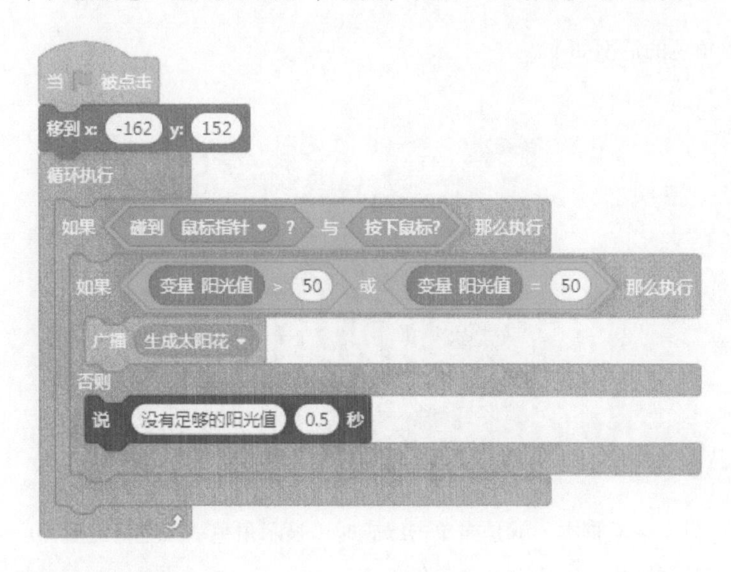

四、豌豆射手卡牌角色

（1）造型。

“豌豆射手卡牌”角色只有一个造型。

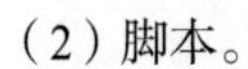

（2）脚本。

将“豌豆射手卡牌”角色移动到指定位置，当玩家在该卡牌上单击：如果“阳光值”大于等于“100”，广播消息“生成豌豆射手”；否则，提醒“没有足够的阳光值”。

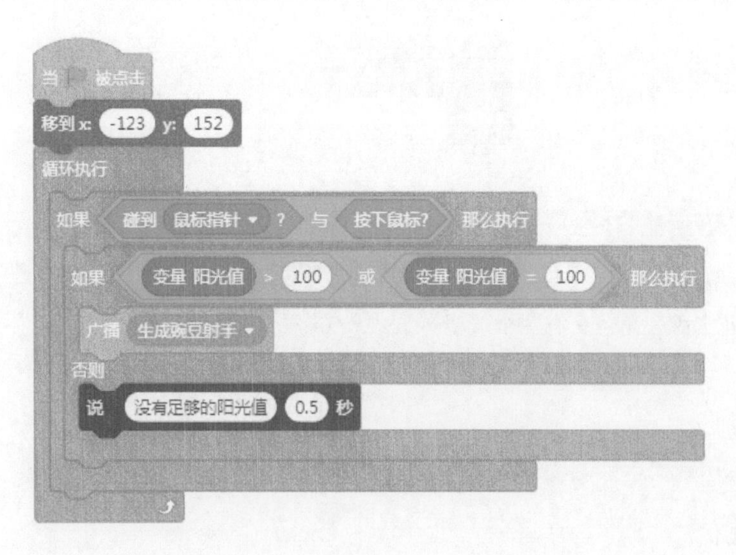

五、坚果卡牌角色

（1）造型。

“坚果卡牌”角色只有一个造型。

（2）脚本。

将“坚果卡牌”角色移动到指定位置，当玩家在该卡牌上单击：如果“阳光值”大于等于“50”，广播消息“生成坚果”；否则，提醒“没有足够的阳光值”。

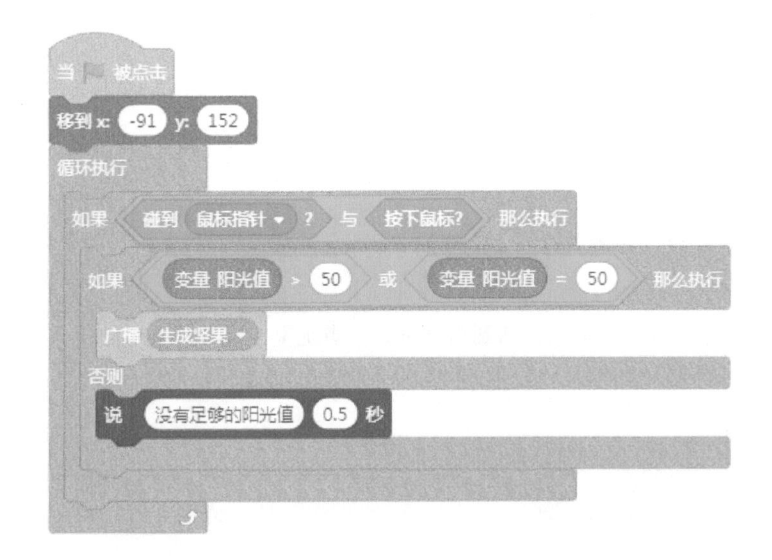

六、火爆辣椒卡牌角色

（1）造型。

“火爆辣椒卡牌”角色只有一个造型。

（2）脚本。

将“火爆辣椒卡牌”角色移动到指定位置，当玩家在该卡牌上单击：如果“阳光值”大于等于“125”，广播消息“生成火爆辣椒”；否则，提醒“没有足够的阳光值”。

```
当 [旗] 被点击
移到 x: -52 y: 149
循环执行
    如果 <碰到 鼠标指针 ? 与 按下鼠标?> 那么执行
        如果 <变量 阳光值 > 125 或 变量 阳光值 = 125> 那么执行
            广播 生成火爆辣椒
        否则
            说 没有足够的阳光值 0.5 秒
```

七、樱桃炸弹卡牌角色

（1）造型。

“樱桃炸弹卡牌”角色只有一个造型。

（2）脚本。

将“樱桃炸弹卡牌”角色移动到指定位置，当玩家在该卡牌上单击：如果“阳光值”大于等于“150”，广播消息“生成樱桃炸弹”；否则，提醒“没有足够的阳光值”。

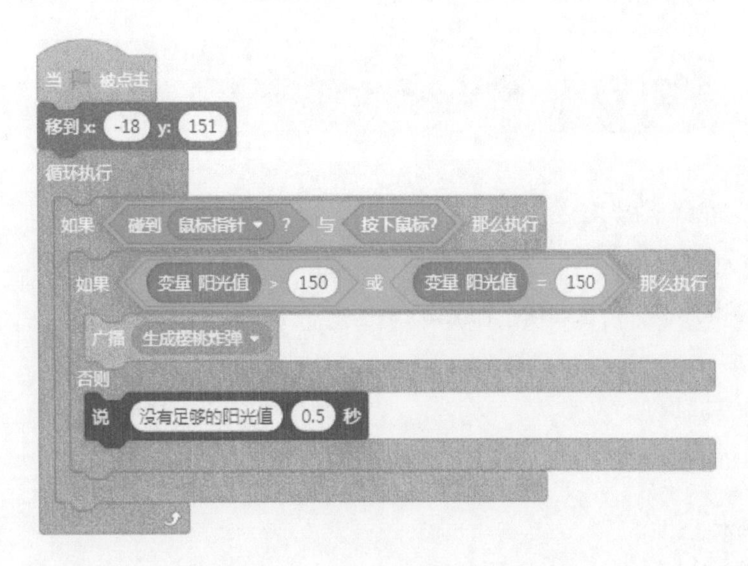

八、植物角色

（1）造型。

“植物”角色有6个造型。

（2）声音。

需要两个本地上传的音效，分别表示“樱桃炸弹”爆炸的声音和“火爆辣椒”燃烧的声音。

（3）脚本。

这个角色共有9段脚本。其中有两个自定义的积木，用于根据鼠标位置定位到的变量“植物的x坐标”和“植物的y坐标”。

第1段 “鼠标的x坐标”在某个范围之内，就为变量“植物的x坐标”设置指定值。

第2段 “鼠标的y坐标”在某个范围之内，就为变量“植物的y坐标”设置指定值。

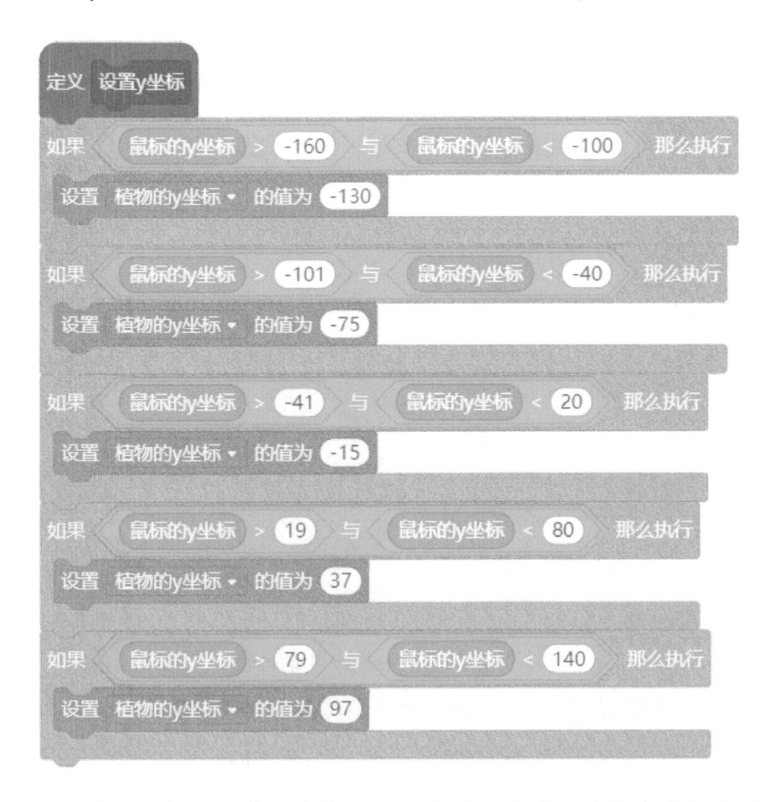

第3段 当接收到“生成太阳花”消息时，如果满足条件，就会在草坪上种植一株太阳花。

当接收到“生成太阳花”消息时，将植物角色的造型切换为“太阳花”，显示角色。接下来的脚本会重复执行：角色会跟着鼠标移动，如果鼠标左键按下，并且是在草坪范围内，那么调用自定义积木“设置y坐标”设置变量“植物的y坐标”的值，调用自定义积木“设置x坐标”设置变量“植物的x坐标”的值；然后将角色移到x坐标为变量“植物的x坐标”，y坐标为变量“植物的y坐标”的指定位置；如果没有碰到“红色”或“阳光”角色，将该角色移至最前面，克隆“太阳花”角色，隐藏“植物”角色，将变量“阳光值”减“50”，停止当前脚本。注意，“生成太阳花”消息是由前面介绍的“太阳花卡牌”角色广播的。

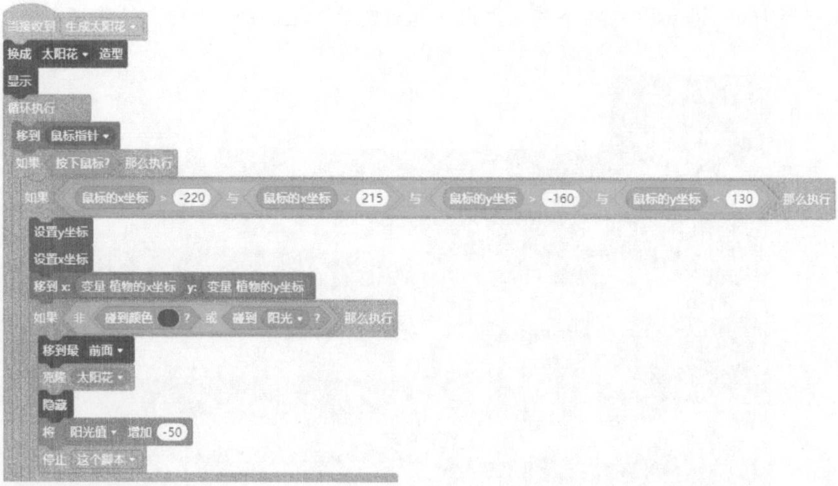

```
当接收到 生成太阳花
换成 太阳花 造型
显示
循环执行
  移到 鼠标指针
  如果 按下鼠标? 那么执行
    如果 鼠标的x坐标 > -220 与 鼠标的x坐标 < 215 与 鼠标的y坐标 > -160 与 鼠标的y坐标 < 130 那么执行
      设置y坐标
      设置x坐标
      移到 x: 变量 植物的x坐标 y: 变量 植物的y坐标
      如果 非 碰到颜色 ? 或 碰到 阳光 ? 那么执行
        移到最 前面
        克隆 太阳花
        隐藏
        将 阳光值 增加 -50
        停止 这个脚本
```

提示：如果仔细观察，会发现我们在每个植物的造型上都“涂抹”了一点红色。放置植物的时候，会判断角色是否碰到红色，如果碰到，表示这个位置已经有植物，不能再放置其他植物了。

第4段　当接收到“生成豌豆射手”消息时，如果满足条件就会在草坪上种植一株豌豆射手。

当接收到“生成豌豆射手”消息时，将造型切换为“碗豆射手”，显示角色。接下来的内容和前面介绍的接收到“生成太阳花”消息的脚本类似，只是把克隆“太阳花”角色改为克隆“豌豆射手”角色，“阳光值”也从减少“50”改为减少“100”。注意，“生成豌豆射手”消息是由前面介绍的“豌豆射手卡牌”角色广播的。

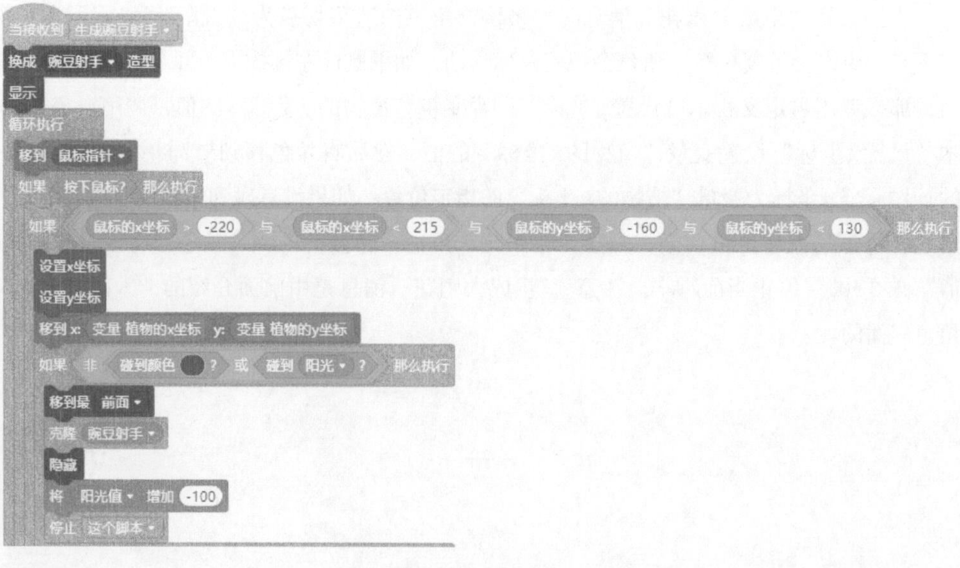

```
当接收到 生成豌豆射手
换成 豌豆射手 造型
显示
循环执行
  移到 鼠标指针
  如果 按下鼠标? 那么执行
    如果 鼠标的x坐标 > -220 与 鼠标的x坐标 < 215 与 鼠标的y坐标 > -160 与 鼠标的y坐标 < 130 那么执行
      设置x坐标
      设置y坐标
      移到 x: 变量 植物的x坐标 y: 变量 植物的y坐标
      如果 非 碰到颜色 ? 或 碰到 阳光 ? 那么执行
        移到最 前面
        克隆 豌豆射手
        隐藏
        将 阳光值 增加 -100
        停止 这个脚本
```

第5段 这段脚本与第3段和第4段类似，只是接收到“生成坚果”消息后，将造型切换为“坚果”，克隆“坚果”角色，“阳光值”减少“50”。

当接收到 生成坚果
换成 坚果 造型
显示
循环执行
移到 鼠标指针
如果 按下鼠标? 那么执行
如果 鼠标的x坐标 > -220 与 鼠标的x坐标 < 215 与 鼠标的y坐标 > -160 与 鼠标的y坐标 < 130 那么执行
设置x坐标
设置y坐标
移到 x: 变量 植物的x坐标 y: 变量 植物的y坐标
如果 非 碰到颜色 ? 或 碰到 阳光 ? 那么执行
移到最 前面
克隆 坚果
隐藏
将 阳光值 增加 -50
停止 这个脚本

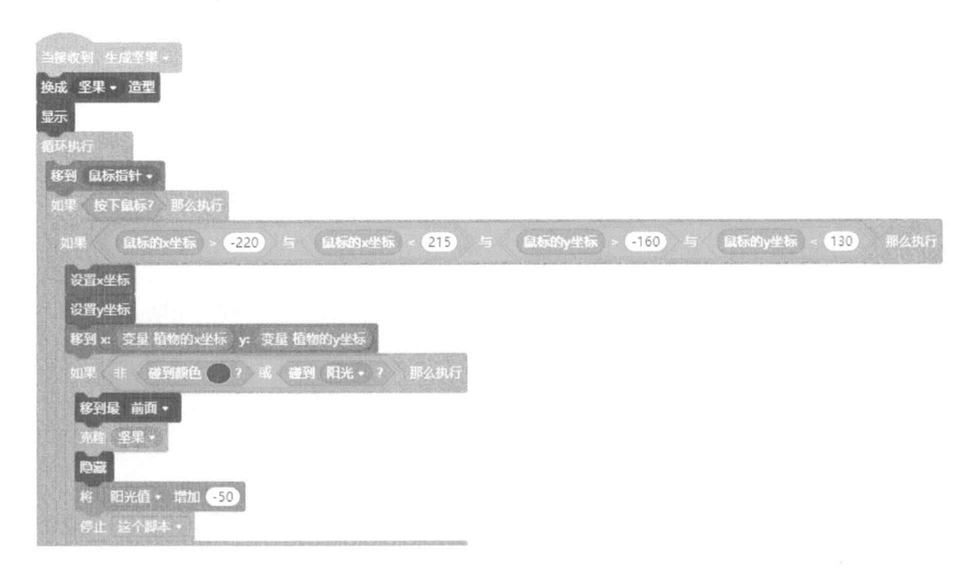

第6段 当接收到“生成火爆辣椒”消息时，前面的脚本和第3段中的脚本类似，只是这次没有克隆角色。因为火爆辣椒的攻击是一次性的，所以我们采用另一种表现方式：广播消息“生成火龙”，播放“火爆辣椒”燃烧的声音，说“我烧”，这次“阳光值”减少“125”。

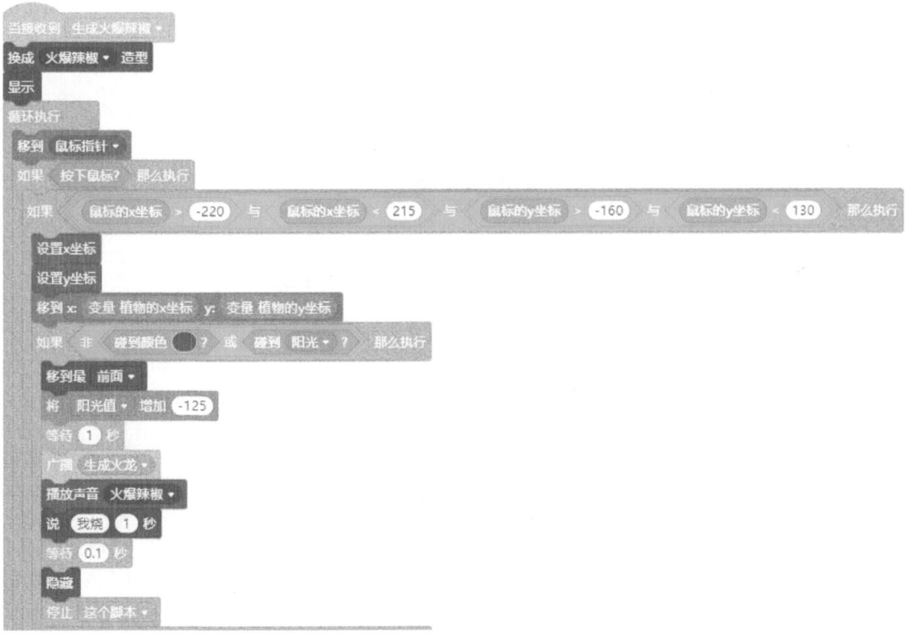

当接收到 生成火爆辣椒
换成 火爆辣椒 造型
显示
循环执行
移到 鼠标指针
如果 按下鼠标? 那么执行
如果 鼠标的x坐标 > -220 与 鼠标的x坐标 < 215 与 鼠标的y坐标 > -160 与 鼠标的y坐标 < 130 那么执行
设置x坐标
设置y坐标
移到 x: 变量 植物的x坐标 y: 变量 植物的y坐标
如果 非 碰到颜色 ? 或 碰到 阳光 ? 那么执行
移到最 前面
将 阳光值 增加 -125
等待 1 秒
广播 生成火龙
播放声音 火爆辣椒
说 我烧 1 秒
等待 0.1 秒
隐藏
停止 这个脚本

第7段　当接收到“生成樱桃炸弹”消息时，前面的脚本和第6段类似，只是这次将广播消息改为将造型切换为“樱桃炸弹爆炸”，然后播放“樱桃炸弹”爆炸的声音，说“我炸”，这次“阳光值”减少“150”。

```
当接收到 生成樱桃炸弹
换成 樱桃炸弹 造型
显示
循环执行
  移到 鼠标指针
  如果 按下鼠标? 那么执行
    如果 鼠标的x坐标 > -220 与 鼠标的x坐标 < 215 与 鼠标的y坐标 > -160 与 鼠标的y坐标 < 130 那么执行
      设置x坐标
      设置y坐标
      移到 x: 变量 植物的x坐标 y: 变量 植物的y坐标
      如果 非 碰到颜色 ? 或 碰到 阳光 ? 那么执行
        移到最 前面
        将 阳光值 增加 -150
        等待 1 秒
        换成 樱桃炸弹爆炸 造型
        播放声音 樱桃炸弹
        说 我炸 1 秒
        等待 1 秒
        隐藏
        停止 这个脚本
```

第8段　当单击绿旗时，将角色大小设置为初始大小的“80%”。

第9段　当单击绿旗时，隐藏角色，并清除所有列表中的项目。

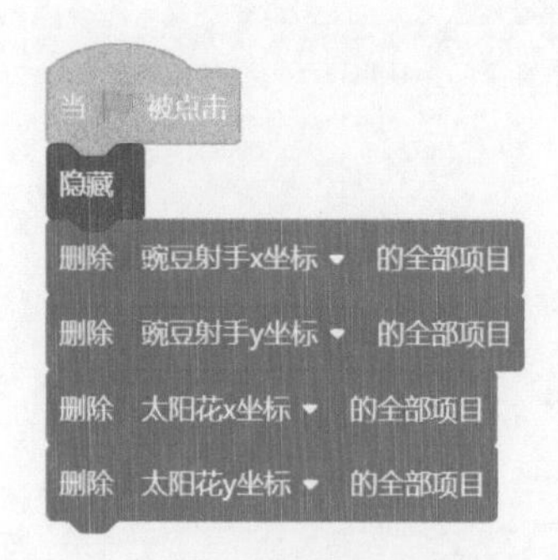

九、太阳花角色

（1）造型。

“太阳花”角色只有一个造型。

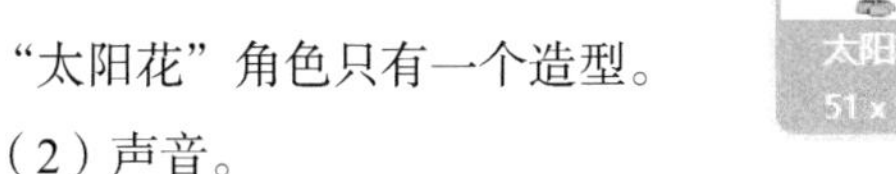

（2）声音。

本地上传表示植物被僵尸吃掉的音效。

（3）脚本。

当作为克隆体启动时，在指定位置放置角色。当碰到僵尸，太阳花会被吃掉。

当“太阳花”角色作为克隆体启动时，会将变量“植物的x坐标”存储到列表“太阳花x坐标”中，将变量“植物的y坐标”存储到列表“太阳花y坐标”中。将变量“等待阳光生成”除以“2”，表示每种下一株“太阳花”，生成阳光的间隔时间就缩短一半。将角色移动到x坐标为“植物的x坐标”和y坐标为“植物的y坐标”的位置，显示角色。以下脚本会重复执行：如果碰到“僵尸”和“僵尸2”，会播放音效并且说“我被吃掉了”，等待“1”秒后，删除克隆体。注意，在前面介绍的“植物”角色的脚本中，当接收到“生成太阳花”消息时，会创建“太阳花”角色的克隆体。

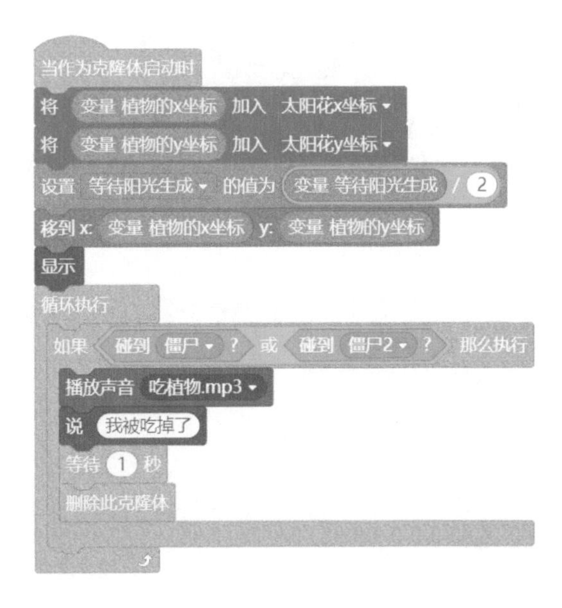

十、豌豆射手角色

（1）造型。

“豌豆射手”角色只有一个造型。

（2）声音。

本地上传表示植物被僵尸吃掉的音效。

（3）脚本。

第1段　当单击绿旗时，将角色大小设置为原始大小的“80%”。

第2段　当作为克隆体启动时，在指定位置放置角色。当碰到僵尸，豌豆射手会被吃掉。

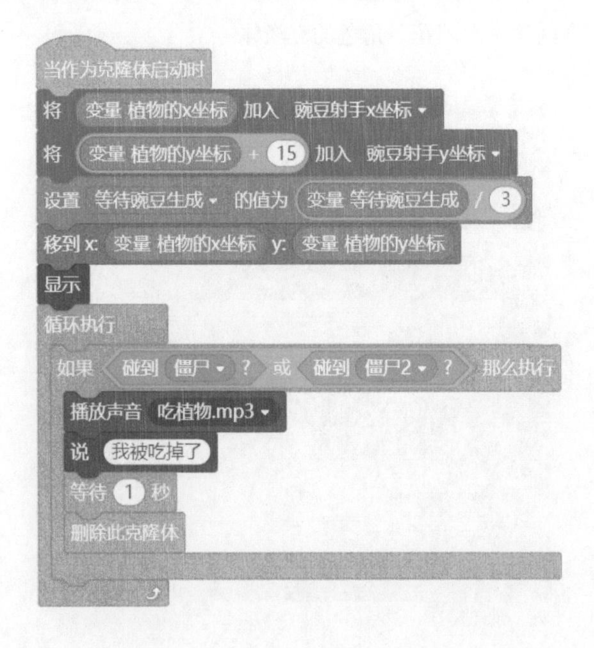

十一、坚果角色

（1）造型。

"坚果"角色只有一个造型。

（2）声音。

本地上传表示坚果被僵尸吃掉的音效。

（3）脚本。

第1段 当单击绿旗时，将角色大小设置为原始大小的"80%"。

第2段 当作为克隆体启动时，在指定位置放置角色。当碰到僵尸，坚果会等待"15"秒后才被僵尸吃掉，起到阻止僵尸前进、放缓其脚步的作用。

当"坚果"角色作为克隆体启动时，将角色移动到x坐标为"植物的x坐标"，y坐标为"植物的y坐标"的位置。显示角色，以下脚本会重复执行：如果碰到角色"僵尸"或"僵尸2"，会播放"吃坚果"的音效并说"我挡"，等待"15"秒后，说"我被吃掉了"，删除克隆体。注意，在前面介绍的"植物"角色的脚本中，当接收到"生成坚果"消息时，会创建"坚果"角色的克隆体。

十二、火爆辣椒的火焰角色

（1）造型。

“火爆辣椒的火焰”角色只有一个造型。

（2）脚本。

第1段　当接收到“生成火龙”消息时，显示角色，设定y坐标，等待“0.3”秒后，隐藏角色。注意，在前面介绍的“植物”角色脚本中，当接收到“生成火爆辣椒”消息时，会广播消息“生成火龙”。

第2段　当单击绿旗开始游戏时，隐藏角色。

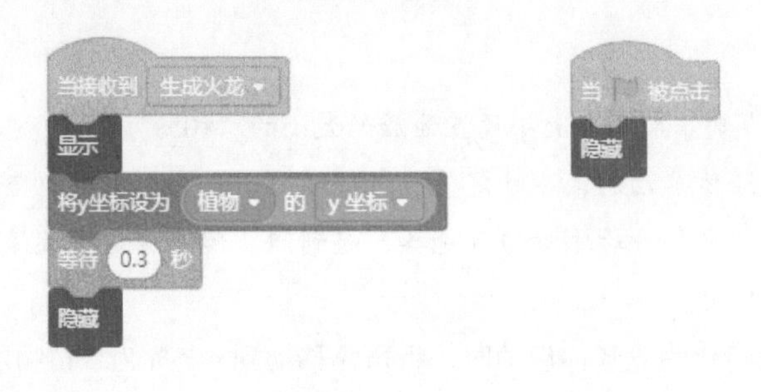

十三、阳光角色

（1）造型。

“阳光”角色只有一个造型。

（2）脚本。

第1段　当接收到“游戏启动”消息时，在放置卡牌的最左边的位置显示角色。加盖图章，表示阳光值，隐藏角色。

第2段　当接收到“游戏启动”消息时，不断地生成“阳光”，玩家通过收集“阳光”，增加“阳光值”。

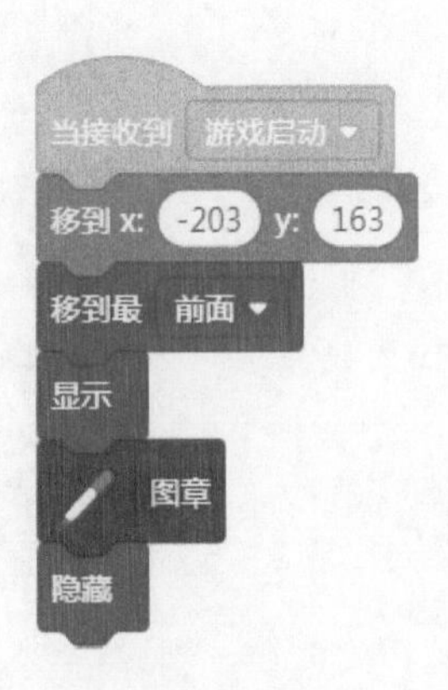

将角色的虚像设置为“20”，将变量“等待阳光生成”设置为“8”，将变量“阳光数”设置为“1”，以下脚本将重复执行：首先要等待，等待的具体时间会根据变量“等待阳光生成”的值来决定。将角色移至最前面。如果列表“太阳花x坐标”的项目数等于“0”，表示还没有种下太阳花：那么移动到特定位置；显示“阳光”角色；播放音效；当碰到鼠标且鼠标左键是按下状态，隐藏角色，并将变量“阳光值”增加“25”，表示玩家收集了“阳光”。如果列表“太阳花x坐标”的项目数不

等于“0”，表示已种植了太阳花：那么会根据变量“阳光数”移动到相应的坐标位置；显示“阳光”角色；当碰到鼠标且鼠标左键是按下状态，隐藏角色，并将变量“阳光值”增加“25”，表示玩家收集了“阳光”。上述条件判断结束后，会为变量“阳光数”增加随机值“1”或“2”，便于为下一株太阳花生成阳光。如果变量“阳光数”大于列表“太阳花x坐标”的项目数，那么将变量“阳光数”重新设置为“1”。注意，在前面介绍的“太阳花”角色中提到，随着克隆体的增加，变量“等待阳光生成”的值会减小。

十四、豌豆子弹角色

（1）造型。

“豌豆子弹”角色只有一个造型。

（2）声音。

本地上传表示豌豆子弹发射的音效。

（3）脚本。

当接收到“游戏启动”消息时，不断地生成“豌豆子弹”，攻击僵尸。

将变量“等待豌豆生成”设置为“0.5”，将变量“豌豆数”设置为“1”，隐藏角色。以下脚本将重复执行：如果列表“豌豆射手x坐标”的项目数等于“0”，表示还没有种植“豌豆射手”，那么等待“0.1”秒。如果列表“碗豆射手x坐标”的项目数不等于“0”，表示已种植“豌豆射手”，那么会根据变量“豌豆数”移动到相应的坐标位置；显示“豌豆子弹”角色；播放音效；当碰到边缘前，x坐标每“0.1”秒增加“10”。判断结束后，会为变量“豌豆数”加“1”，便于下一株豌豆射手生成子弹。如果变量“豌豆数”大于列表“豌豆射手x坐标”的项目数，那么将变量“豌豆数”重新设置为“1”。注意，在前面介绍的“豌豆射手”角色中提到，随着克隆体的增加，变量“等待碗豆生成”的值会减小。

```
当接收到 游戏启动
设置 等待豌豆生成 的值为 0.5
设置 豌豆数 的值为 1
隐藏
循环执行
    如果 <(豌豆射手x坐标 的项目数) = 0> 那么执行
        等待 0.1 秒
    否则
        移到 x: (豌豆射手x坐标 的第 (变量 豌豆数) 项) y: (豌豆射手y坐标 的第 (变量 豌豆数) 项)
        显示
        播放声音 豌豆子弹
        重复执行直到 <碰到 舞台边缘 ?>
            将x坐标增加 10
            等待 0.1 秒
    将 豌豆数 增加 1
    如果 <(变量 豌豆数) > (豌豆射手x坐标 的项目数)> 那么执行
        设置 豌豆数 的值为 1
```

十五、僵尸角色

这里创建了一个角色变量“第几行”，它表示“僵尸”会在第几行出现。

（1）造型。

“僵尸”角色只有一个造型。

（2）声音。

本地上传表示僵尸出现的音效。

（3）脚本。

在这个角色中自定义了一个积木，让僵尸随机地在设置的某一行出现。

第1段　随机分配相应的y坐标，因为有5行，所以随机数是1～5。

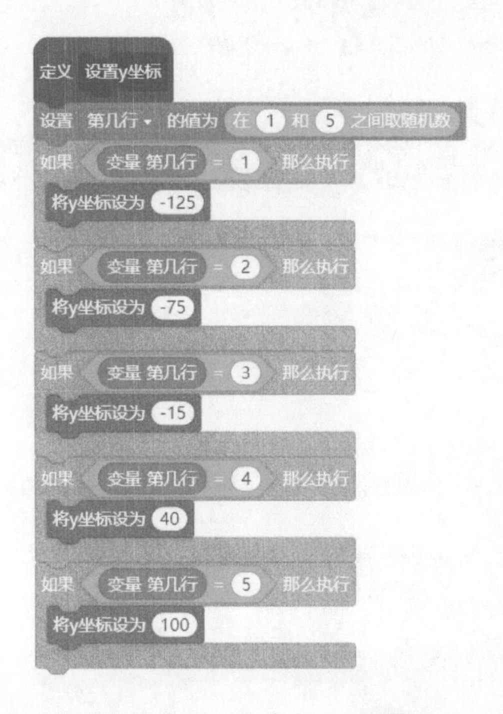

第2段　当接收到“游戏启动”消息时，隐藏角色。等待“1”秒后，克隆自己。在15～30秒内，随机获取一个时间来克隆自己。

第3段　当作为克隆体启动时，控制“僵尸”角色的移动。当满足特定条件时，攻入房间或删除此克隆体。

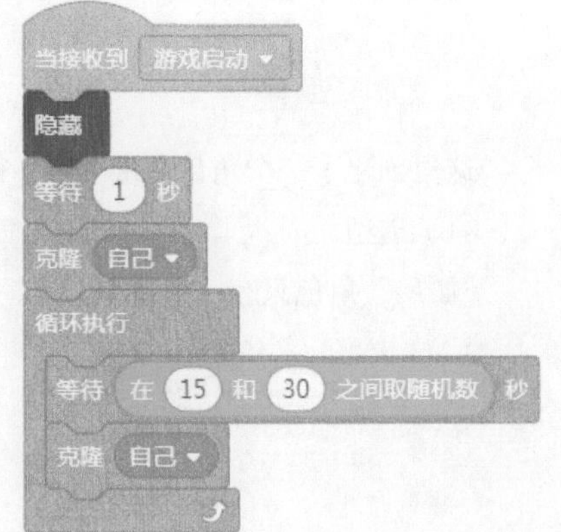

将x坐标设置为“239”，表示在草坪的最右边。使用自定义积木“设置y坐标”来指定角色的y坐标，显示角色。如果“僵尸”角色碰到“豌豆子弹”“火爆辣椒的火焰”或“植物”角色，并且其造型名称是“樱桃炸弹爆炸”，那么删除克隆体，表示这个僵尸角色被消灭了。否则，重复执行以下脚本：将角色的x坐标减“2”，表示角色在向左移动；等待“0.2”秒；如果碰到“坚果”角色，等待16秒；如果碰到“蓝色”，广播消息“结束游戏”，并且停止脚本。因为我们用一条蓝色的线段来表示房子，所以当僵尸碰到蓝色，就代表僵尸攻入了房子，游戏就结束了。

第4段　当单击绿旗时，将角色大小设定为原始大小的“80%”。

十六、僵尸2角色

（1）造型。

“僵尸2”角色只有一个造型。

（2）脚本。

这个角色的脚本与“僵尸”完全一样，这里不再赘述。

十七、房子角色

“房子”角色只有一个造型，就是一条蓝色线段，我们用它表示房子，它没有脚本。

十八、获胜角色

（1）造型。

“获胜”角色只有一个造型。

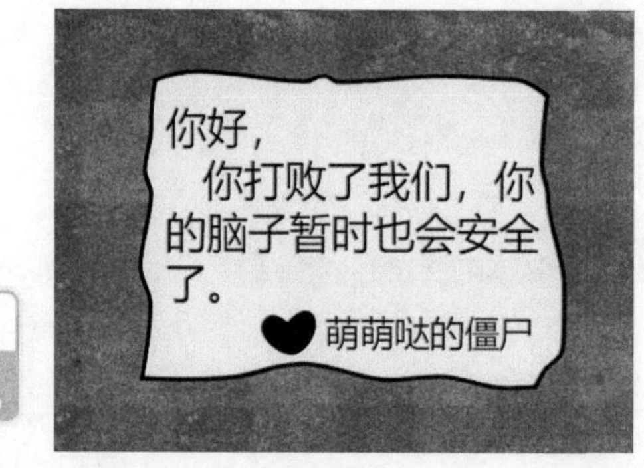

（2）脚本。

第1段　当单击绿旗时，隐藏角色。

第2段　当接收到“获胜”消息时，将角色移到最前面显示。

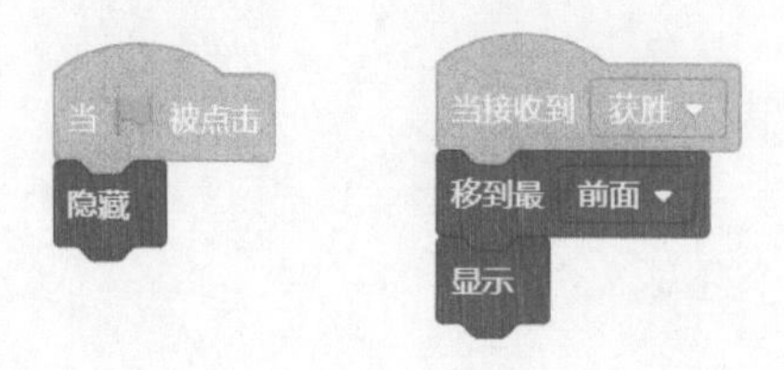

十九、失败角色

（1）造型。

“失败”角色只有一个造型。

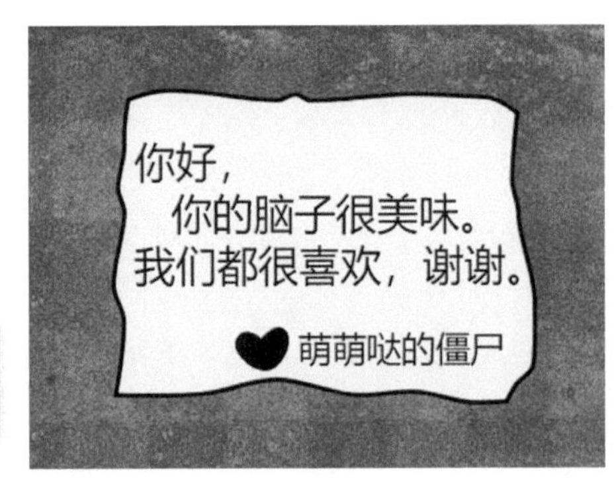

（2）脚本。

第1段 当单击绿旗时，隐藏角色。

第2段 当接收到“失败”消息时，将角色移到最前面显示，停止播放背景音乐，播放“失败”音乐，停止全部脚本。

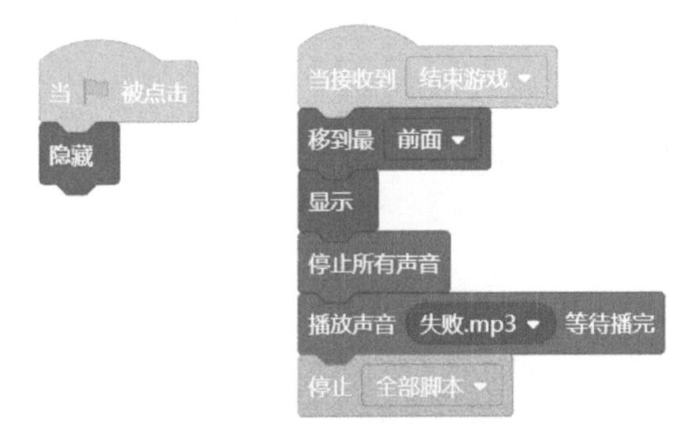

“植物大战僵尸”游戏的程序编写完成了，你可以尝试调整僵尸的程序，让每隔一段时间可以有一大波僵尸出现，增加游戏的难度和趣味性；也可以加一些有特殊技能的植物帮助玩家对抗僵尸。接下来，大家自己动手做一做、玩一玩吧！